U0397004

住宅室内与景观设计

住宅室内与景观设计

[美] 威廉·T. 贝克 编著

贺艳飞 译

WM. T. BAKER, ARCH.

广西师范大学出版社
·桂林·

images
Publishing

图书在版编目(CIP)数据

住宅室内与景观设计／(美)威廉·T.贝克编著;贺艳飞译. —
桂林:广西师范大学出版社,2018.1
ISBN 978 - 7 - 5598 - 0043 - 5

Ⅰ. ①住… Ⅱ. ①威… ②贺… Ⅲ. ①住宅-室内装饰设计-作
品集-美国-现代 Ⅳ. ①TU241

中国版本图书馆 CIP 数据核字(2017)第 281598 号

出 品 人:刘广汉
责任编辑:肖   莉
助理编辑:齐梦涵
版式设计:吴   迪
广西师范大学出版社出版发行

(广西桂林市五里店路 9 号　　　邮政编码:541004)
(网址:http://www.bbtpress.com)

出版人:张艺兵
全国新华书店经销
销售热线:021 - 31260822 - 882/883
恒美印务(广州)有限公司印刷
(广州市南沙区环市大道南路 334 号　邮政编码:511458)
开本:889mm×1 194mm　　1/12
印张:21　　　　　　　字数:23 千字
2018 年 1 月第 1 版　　2018 年 1 月第 1 次印刷
定价:288.00 元

目录

前言

佐治亚州亚特兰大市Landplus景观设计事务所
景观建筑师肯尼斯·莱姆

在思考住房和地产之间的紧密但有时候颇具挑战的关系时，建筑师弗兰克·劳埃德·赖特说道："优秀的建筑不会损坏景观，反而会让景观变得比之前更漂亮。"房屋不应建在山上或任何其他事物之上，而应成为山的一部分。山和房屋之间应建立更加愉快的共存关系。"

房主告诉建筑师他们心中梦想的独特房屋，让建筑师了解自己期待住宅及整个地产应具有的便利设施和实用功能。尽管这种期待随着时间和生活方式的改变而变，经典的设计元素却能超越时尚和梦想。建筑师弗兰克·盖里认为："建筑应该表现其所处的时代和地点，但应追求永恒。"

就像总是关注最终设计的真正的艺术家或手工艺者的作品一样，建筑师也必须用自己的作品表现出专业人员的贡献及协作。

在一次绘画课上，一位艺术老师曾经拿走一位年轻学生手中的橡皮，说："一名真正的艺术家绝对不会擦除他们所作绘画上的任何一条线。就像每种经验都会在人生中留下痕迹一样，你画下的每条线，甚至是那些你最终决定擦掉的线条，都是你完成最终作品必须经历的过程。"

通过组建一支由景观设计师、室内设计师、装饰者、工程师和其他人员构成的团队，建筑师可以完善家居设计方案，吸纳相关专业的建议，同时保持经典设计元素的完整性。即便考虑到了室内空间和现场的改动，也要力求平衡、规模和细节。

在设计过程中，建筑师应积极听取和吸纳相关设计专业人员的意见，创作具有凝聚力的作品。建筑师应时刻保持活跃，因为其他设计师为整个方案所做的贡献，即他们构思的实现可以理解为住宅的最终设计。建筑师一旦建立了一支得其信任且对设计豪华住宅的复杂因素具有相同理解的专业团队时，他往往会在自己工作的任何领域中把它推荐给每个选择其作品的房主。

亚特兰大市景观设计师兼Landplus景观设计事务所总经理亚力克·迈克利兹经常被问到决定他最喜欢和最成功的家居设计的因素通常有哪些。他回答："最重要的是尽早加入设计团队。"在完美的情况下，这意味着在地产购买前就应与建筑师和房主进行协商，但通常情况下，景观设计师都是在初步决定——如地块选择、建筑风格的确定、住房的选址和定向等——做出后才被邀请加入。

如果能在该过程初期咨询景观设计师，则可对这些决定进行重新评估，以更好的适应现场情况，或减少施工困难。泳池、运动场、菜园、温室、户外客厅、厨房、大车库和停车棚都不应与古典设计住宅产生冲突。

铺面材料的选择、护墙的界定和其他现场施工元素、景观和花园设计、原有地形的略微改变和重塑，以及对原有树木的尊重和保护，所有这些都可能作为一座古典设计住宅中经过周密考虑的设计元素和细节与现场条件和房主要求的生活标准之间的过渡。

景观设计师可建议调整门窗位置，尽可能利用

现有风景或所提议的现场便利设施。比如，因为现场设计或管辖限制，露台窗户的长度或住房和车库之间的高度变化可能由景观设计师确定。当现场要求与外立面产生冲突时，这种冲突通常会因为建筑师和景观设计师之间的合作而消解。

对现场施工的管辖限制涉及建筑高度、护墙的位置和高度、原有树木的保护、本土元素的位置和外观，以及现场面积的限制，这些也往往是影响因素。与景观设计师紧密合作，建筑师能够根据当地权威机构制定的规则规范来设计图纸，同时避免影响设计的目的。

景观设计师面临的最大挑战之一便是地形。即便是非常和缓的山坡，当它贯穿一块土地的整个长度或宽度时，也会对住房的合适选址和相关现场元素，即理想现场设施带来重要影响。维护住宅、车库和中庭或露台之间的关系有助于这种过渡，同时又能创造私密性，保护和引导风景，并隔离各种活动。此外，经过细致考虑的户外现场特征的表达和景观设计可能突出或柔化建筑设计特征，同时屏蔽必要但往往碍眼的设施，如车库、停车棚、设施、垃圾箱和跑狗场。喜爱豪华建筑的人们无疑会想到这样的住房：它们本身很漂亮，却被其他人做出的缺乏考虑的设计破坏了，如强加的地下室、错误的选址或斜坡构建、不恰当或不充分的景观设计、修建不合理的墙体或围栏、随意规划的车道或车棚。

当景观设计师和其他设计专业人员各自工作时，有时候会因为需要克服其他专业人员创造的

困难而做出一些设计决策。此时，因为一些在设计早期原本能够预见并解决的困难，房主往往会遭受不必要的工期延误和花费。

景观设计师能够获得的重要回报之一便是一个这样的机会：通过精心选址、景观设计、材料选择和现场设施布局，充分展现建筑师的设计作品的美丽和丰富，同时为房主提供最终的便利，激发他们对房产的喜爱。这就是景观设计师与建筑师和客户共有的特别之处：一条通往住房的漂亮道路，一个显著的建筑特征，一个从室内至室外居住空间的宽裕过渡，一个令人振奋的焦点，一点儿迎宾阴凉或舒缓的水声，一个入框的远景，一件异想天开的蠢事，或一个令人耳目一新的泳池。

本书收录的照片和图纸表现了威廉·贝克的付出。他努力确保自己设计的住房不但因所在的土地而更加漂亮，还让地产的自然和已建特征提升房主的生活方式。就像任何真正的艺术家或手工艺者的作品一样，威廉·贝克的作品始终表现了他对志同道合的设计专业人员的感谢及他们的协作。

上：福柯住宅的私密花园给房主办公室的外面提供了一处安静的休息地

奥克兰住宅

佐治亚州亚特兰大市

美国人很久以来就迷恋漂亮的英式庄园住宅，因此，在购买这一大片地产后，房主选择建造一栋受早期经典设计启发的住房。在这座住宅中，反映了这个时期的一些特别建筑元素，包括伊丽莎白式公羊头三角楣饰石灰石门框及窗户过梁和边框。光和影在纹理鲜明的砖立面和福蒙特州板岩屋顶上的相互作用进一步加大了建筑结构的深度。其他体现建筑风格的元素包括平齐式斜边山墙和带赤陶顶盖的烟囱。

现代家居面临的挑战之一是需要修建一个多车位车库，而在几百年前，它可能是一个远离主建筑的独立式马车房和马厩。在该建筑中，马车房被构建为一个侧翼结构，里面是一个由穿孔砖隐秘墙围合的停车棚。马车房加盖通风式圆屋顶，成了一个视觉亮点，为庄园住宅的左翼结构提供了一个建筑锚点。

室内细节与家庭收藏的前卫艺术品构成了鲜明对比。尽管晚宴宾客在看到那头脚上遗留着上顿残食的食人狮或盘腿坐在客厅地板上的表情邪恶的戴头巾人物雕像时，可能会感到不适，但这些以及其他作品都反映了这家人的幽默感。

上： 前入口的公羊头三角楣饰是用印第安纳石灰石制作的

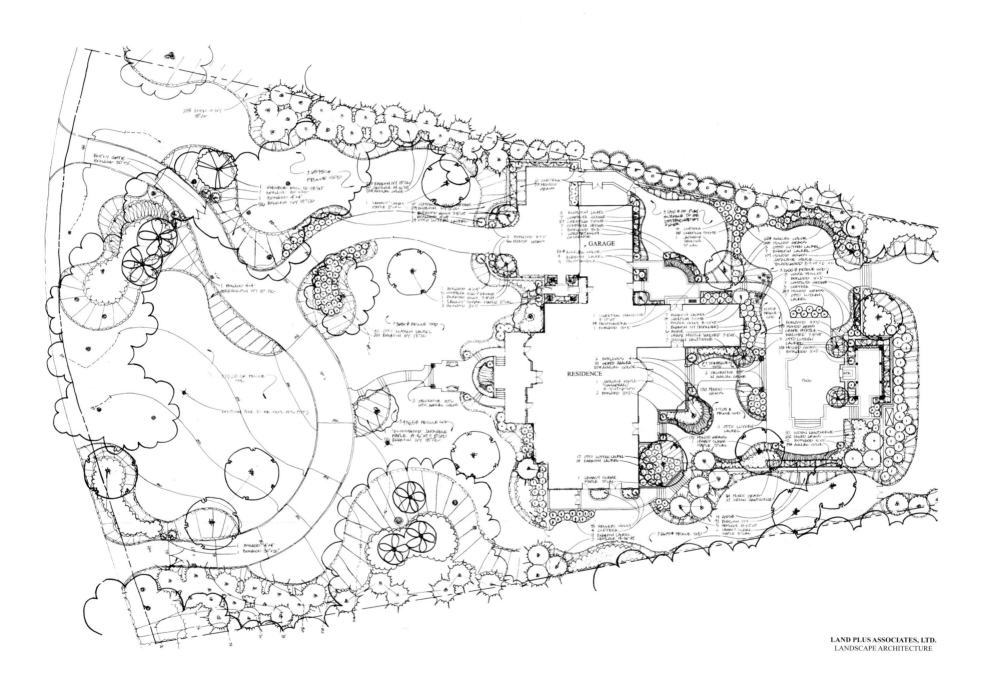

GARAGE

RESIDENCE

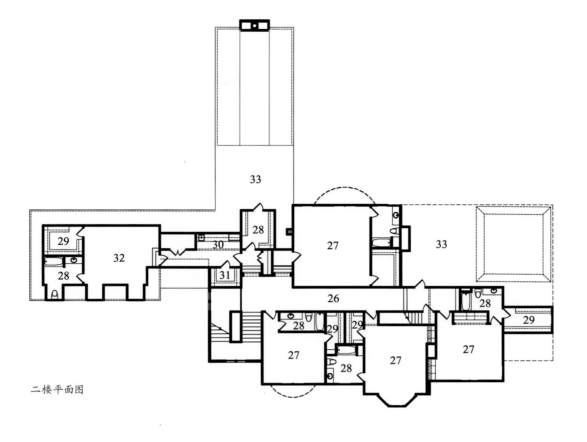

二楼平面图

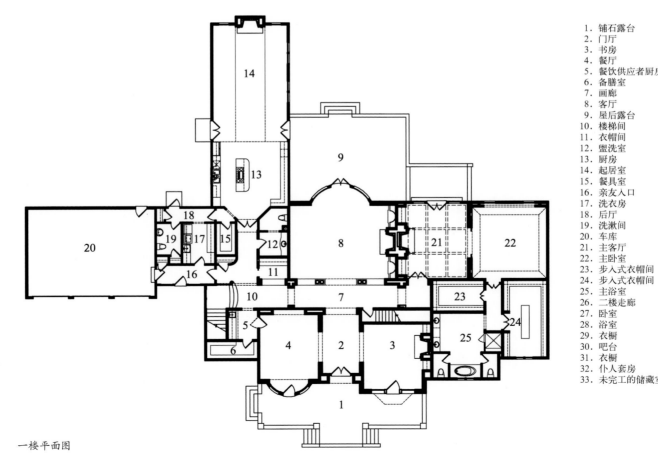

一楼平面图

1. 铺石露台
2. 门厅
3. 书房
4. 餐厅
5. 餐饮供应者厨房
6. 备膳室
7. 画廊
8. 客厅
9. 屋后露台
10. 楼梯间
11. 衣帽间
12. 盥洗室
13. 厨房
14. 起居室
15. 餐具室
16. 亲友入口
17. 洗衣房
18. 后厅
19. 洗漱间
20. 车库
21. 主客厅
22. 主卧室
23. 步入式衣帽间
24. 步入式衣帽间
25. 主浴室
26. 二楼走廊
27. 卧室
28. 浴室
29. 衣橱
30. 吧台
31. 衣橱
32. 仆人套房
33. 未完工的储藏室

左：客厅壁炉上方的绘画是英国当代艺术家兼画家安东尼·麦克勒夫的作品。超现实盘腿雕像是美国艺术家马克·詹金斯创作的，他的雕像作品能与周边环境产生互动，且被评为怪诞、可怕和具有情境主义

上：餐厅展示了英国涂鸦艺术家、政治活跃家兼导演班克斯创作的一座食人狮雕像。他的艺术品往往具有黑色幽默的特征

后几页（左）：从门厅可看到音乐室中班克斯的另一幅绘画作品。**（右）**大厨房室内采用中性宜人的色调。

前几页：起居室恰好位于厨房外面
上和左：房屋的砖立面和福蒙特板岩屋顶在漂亮的周边景观的烘托下愈加美丽

沃克住宅

佐治亚州亚特兰大市

20 世纪末, 巴尔港、缅因州及周边城镇成了美国精英阶层喜爱的夏季避暑胜地。这个时期修建的刷涂料的木屋反映了东北沿海地区普遍流行的各种度假胜地建筑风格, 如谢克式、木结构式和安妮女王式。

沃克住宅受到了巴尔港木屋的影响, 即便置身于那个年代遗留下的木屋群也丝毫不显突兀。沃克住宅有着宽宽的前门廊、谢克式外观和复折式屋顶, 完美地展现了美国度假建筑。尽管这是一座全日制住宅, 住起来却感觉像一座带门廊、采用开放式格局的度假别墅。

这座住宅采用宽松芯木地板和槽口结合木墙面板, 为室内空间增添了个性和温暖。房主采用了许多家庭收藏品和一些更加现代的作品, 以创造随意舒适的内部空间。儿童卧室是这座住房中最漂亮的房间, 表现了房主的独具慧眼。

这家人最喜欢的户外空间是前门廊, 那里有宽裕的空间可供落座和享用餐前鸡尾酒。带石砌壁炉的屋后露台是在寒冷的夜晚坐在火炉边和朋友聊天的完美地点。因此, 这座住宅和这片地产具有多种娱乐用途。

上: 散石墙和石墩顶部加石材尖顶饰

上：门廊前的宽敞台阶

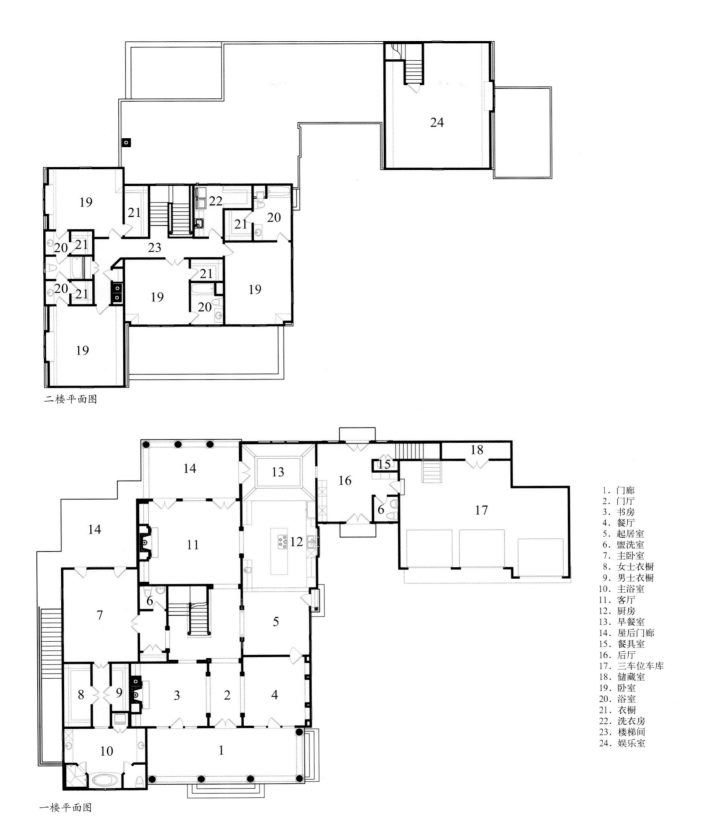

二楼平面图

一楼平面图

1. 门廊
2. 门厅
3. 书房
4. 餐厅
5. 起居室
6. 盥洗室
7. 主卧室
8. 女士衣橱
9. 男士衣橱
10. 主浴室
11. 客厅
12. 厨房
13. 早餐室
14. 屋后门廊
15. 餐具室
16. 后厅
17. 三车位车库
18. 储藏室
19. 卧室
20. 浴室
21. 衣橱
22. 洗衣房
23. 楼梯间
24. 娱乐室

上：木楼梯突出了家居设计美学的特征

右：书房采用大量暗色木材和浅色软装，两者形成对比，营造出轻松的氛围

对页：餐厅是一个精美的空间，光线充足，拥有开阔的户外风景
下：厨房拥有容纳大家庭用餐和满足大型宴客需求的充裕空间
后几页：客厅的槽口结合墙面为家居室内空间增加了特色和温度

对页、上和下页: 主卧室(对页)客卧(上和下页)都安装采光良好的全高窗户,装饰结合传统和现代因素

右：带壁炉的石砌露台是家人和朋友们在寒冷的夜晚坐在火边
聊天的好地方

岩石角住宅

佐治亚州亚特兰大市

对这个活跃的家庭而言，这座住宅的用途便是在房产范围内提供娱乐和运动可能需要的所有设施。这一点在它的外观上表现得并不明显，但房屋内部却有一个室内推杆区、室内泳池、设施齐备的温泉浴场、健身房、标准尺寸篮球场、家庭影院、酒窖、吧台和乐队练习室——所有这些都位于一楼。

主楼层入口与一段坡度和缓的蜿蜒石砌楼梯连接，楼梯通向一扇宽敞的石砌拱门。深凹的拱门内安装了一扇复原玻璃铁门。这个钢铁入口开向画廊，而墙面和天花均镶贴木面板的画廊则与餐厅和客厅相连，其尽头是大楼梯间。餐厅墙体镶贴仿谷仓门的防尘木板。两层楼高的客厅也采用木面板顶面和木梁，面向泳池露台。主楼梯间的踏步安装细铁柱栏杆和铁帽。每根栏杆都插入踏板。这些微小的细节给了毗邻联窗墙体的楼梯一种显著的极简主义效果。紧邻楼梯间的是刷蓝色涂料的书房和拱顶主卧室。这些房间构成了一楼的主侧翼结构。

上：一个大石砌拱门框住了钢铁入口单元

POOL HOUSE

LAWN

POOL

MOTORCOURT

GARAGE

RESIDENCE

ARRIVAL
COURT

厨房和家庭活动室为家人提供了舒适的日常生活空间以及前往泳池露台和木框顶棚门廊的通道。家庭活动室的壁炉与带顶棚门廊中的石砌壁炉背对背砌筑。泳池露台可同时从家庭活动室和客厅的高玻璃落地门进入。长泳池的一侧是一个围住了露台尽头的石砌谢克式泳池屋大草坪。

石砌谢克式泳池屋在两侧安装双折玻璃板,打开后,可变成一个户外房间。泳池屋的焦点是户外壁炉及其引人注目的拱形嵌入式木材储藏室。燃烧室和木材储藏室共同构成一个带有石砌烟囱的元素。

上页：入口门厅的宽木板镶贴天花板和宽木梁

对页和上：光线从大落地窗射进入，照亮了整个客厅和餐厅

下：刷蓝色涂料的宽敞书房包括许多当代物品。这些物品与墙面的传统设计装
饰和谐共存

对页：木拱顶主卧室

上：该厅安装联窗窗框

上: 主楼梯

对页、左和下：客卧饱含个性，其中一间包括一个私密阁楼空间，可通过楼梯进入

上：非常先进的运动场

对页：娱乐室也能通过跨越运动场的夹层天桥进入

对页：大门通向车库

下：屋檐细节草图

下几页：房屋的后视图

WB

BRACKET
AT
CARRIAGE HOUSE

W.T. BAKER

上几页：门廊内部和屋檐细节

上：泳池屋的内部（上）和外部（下）

对页：户外大壁炉

约翰逊住宅

南加利福尼亚州斯帕坦堡市

这座乔治复兴式刷涂料砖砌建筑占地面积很大，能够俯瞰湖面。它是这个斯帕坦堡市家族第三代及三个儿子的漂亮住宅。它的正面采用比例优美的印第安纳石灰石结构门廊和大落地窗，因而显得更加美丽。

这座住宅结构的成功部分在于车库的细心规划，而实际上车库经常掩盖新房屋的光芒。车库设置在房屋下方，未加强调，成为整个建筑结构的第二个特征。这种组织恢复了房屋的平衡和对称，使得建筑成为主体。

房主是一位专业室内设计师，因此，我们就平面图、家具布置和装饰墙开展了协作对话。平面图包括房主要求的正式房间以及一个开放式厨房兼家庭活动室，后者与这个活跃家庭专用的更加休闲的空间相连。一条宽敞的交叉拱顶中心走廊为家庭娱乐提供了充裕的空间。

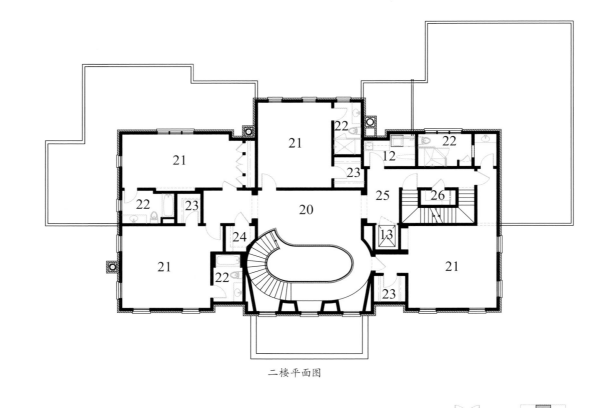

二楼平面图

一楼平面图

1. 前门廊
2. 门厅
3. 画廊
4. 客厅
5. 家庭活动室
6. 厨房
7. 备膳室
8. 餐厅
9. 早餐室
10. 衣橱
11. 书房
12. 洗衣房
13. 电梯
14. 盥洗室
15. 主卧室
16. 男浴室
17. 女浴室
18. 女用衣橱
19. 男用衣橱
20. 二楼大厅
21. 卧室
22. 浴室
23. 衣橱
24. 礼品包装室
25. 大厅

家庭活动室外的户外露台和烧烤区是一个招待客人的好地方，同时俯瞰延伸至湖边的草坪。成人造访时，他们的孩子可以和朋友在草坪上踢球、钓鱼或划船。这是一个供养家庭并在未来创造美好回忆的理想场所。

左：一架漂亮的弧形楼梯点缀了入口门厅

最左：宽阔的中心走廊及交叉拱顶

中：室内设计师和房主合作确定艺术品在客厅以及整栋房屋中的位置

上：画廊和交叉拱形为房屋架构增添了趣味

对页：镶贴木板的漂亮书房是房主喜爱的一个休息处
上：餐厅反映出了一些室内的具体安排

上左：备膳室的加覆面门上有一个装饰钉头构成的图案
上右：吧台表现了主人们对娱乐的喜爱
右：客厅的休闲空间位于厨房两侧

上和对页：比例合理的厨房将有机形状与正式元素融合起来

这几页：卧室的设计舒适时尚

对页：一个独特的贝壳构成了盥洗室的洗手盆

本页：主浴室采用醒目的黑白墙面设计——女浴室和男浴室（上和下）表现出不同特征

上：早餐室的漂亮落地窗拥有美丽的花园景色
对页：后部外观为刷亮丽涂料的砖砌结构

米勒庄园

佐治亚州亚特兰大市

米勒庄园的设计灵感来自 20 世纪早期沿海地区的新英格兰谢克式住宅。它的非对称结构、门廊和塔式元素均反映了早期的度假建筑。这种风格的其他元素包括双扇宽窗，其中上窗扇安装多块玻璃，下窗扇安装一片玻璃，如是特色窗，则采用菱形玻璃片。这种风格极富魅力，一直倍受美国人喜爱，并在这些年里一再被重新诠释。

对这栋住房，贝克选择采用田纳西州散石，并切割成不规则的方石，为这座房屋的底部增添温暖感。该住宅的雪松木覆面刷成浅灰色，而灰色也因柔和的白色边缘而更加显著。一个真正的雪松木片屋顶延续了这种有纹理的元素，并采用一种老化的、柔和的银灰色加以补充。整体效果是物质性的，但同时也透露出诱人的热情，这正好是米勒一家希望达到的效果。

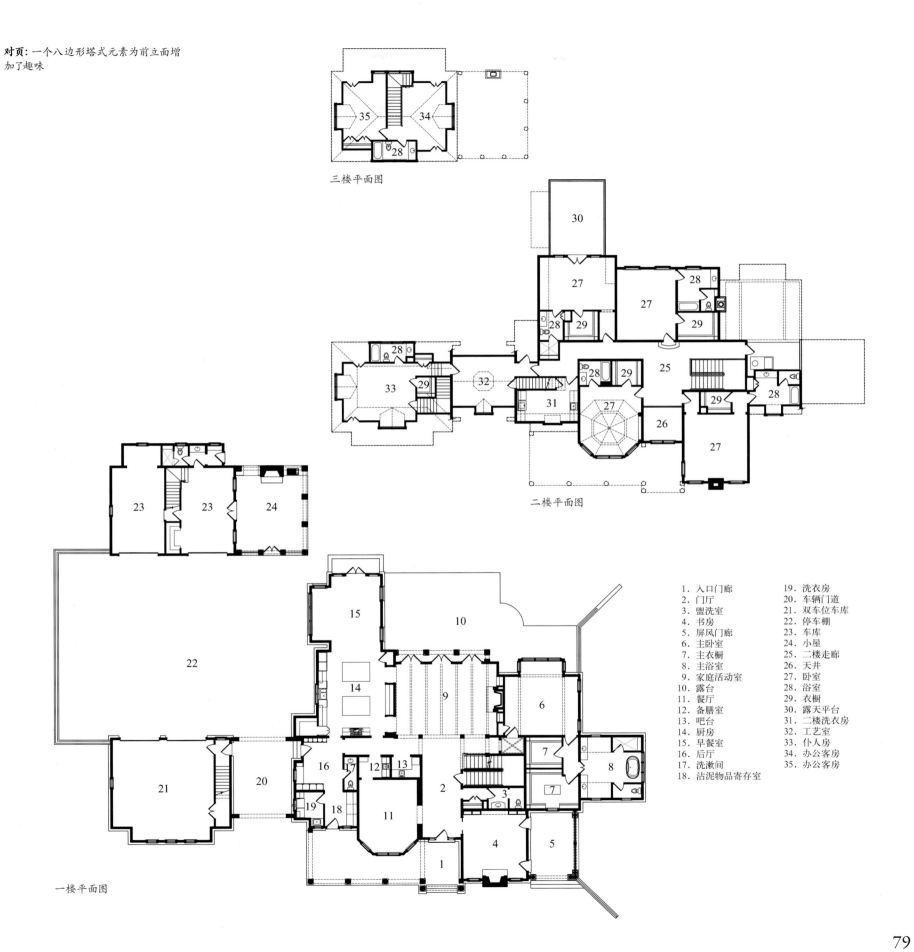

三楼平面图

二楼平面图

一楼平面图

1．入口门廊
2．门厅
3．盥洗室
4．书房
5．屏风门廊
6．主卧室
7．主衣橱
8．主浴室
9．家庭活动室
10．露台
11．餐厅
12．备膳室
13．吧台
14．厨房
15．早餐室
16．后厅
17．洗漱间
18．沾泥物品寄存室

19．洗衣房
20．车辆门道
21．双车位车库
22．停车棚
23．车库
24．小屋
25．二楼走廊
26．天井
27．卧室
28．浴室
29．衣橱
30．露天平台
31．二楼洗衣房
32．工艺室
33．仆人房
34．办公客房
35．办公客房

79

室内空间完美地融入了清新的现代元素，这些元素突显了房间的丰富架构。显著的墙面以精心选择的现代艺术品为装饰，为室内空间营造了一种明亮欢快的氛围。宽松木板地面增添了温暖和特色，给空间一种非正式感。

整栋住宅中的织物檐口为雅致的大空间增添了温度。这种样式中常见的另一个特征是，较大的衬垫物大多采用柔和的中性色调，以搭配不断改变的艺术收藏品。

上：门厅中的深色仿古长椅配置多个抱枕。抱枕采用贺兰德&谢瑞顶级面料供应商推出的漂亮面料以及克莉丝汀·菲施巴赫尔设计的花纹图案布料
对页：在书房中，一张仿古咖啡桌和一面威尼斯挂镜与萨里宁式饮料桌和遍布整个房间的现代艺术构成鲜明对比

尽管这栋住宅看似采用了传统平面布局，但实际上却融入了早期住房不具备的特征，其中包括一楼的一个大主卧套房、一个彼此相通的厨房、早餐室兼家庭活动室以及多车位车库。车辆门道更是让这栋住宅更富魅力——带有一个将车库与住宅连接起来的宽椭圆形拱顶。

摆满书籍的书房对这家人来说是不必要的。实际上，它采用了时尚的英式酒店大堂的形式，配置了许多舒适的定制座椅。因为该房间恰好位于餐厅对面，中间仅隔着门厅走廊，所以这里是晚餐前后享用鸡尾酒的理想地点。该空间的外面为一个温馨的加顶棚门廊，是个理想的吸烟场所。

这座大住宅的最新增建结构是一个家庭书房，这让厨房看起来更像一个开放式阁楼。一个工作岛和一个帕森式用餐岛为愉快的家庭聚餐提供了场所。

对这个养育了三个孩子的活跃家庭来说，该住宅变成了一个舒适的家庭生活中心。二楼圆屋顶下的工艺室是孩子们喜爱的制作手工艺作品的空间，而拥有娱乐室和家庭影院的一楼的设计也考虑了孩子们。

右：一张詹森式腿定制双人沙发将客厅分成两部分。一幅丹·克里斯蒂安森的作品（上）成了房间的明星，抱枕们和玻璃瓶们正在向它致意

对页：餐厅家具因白漆和金属银色卡尔文·克莱恩人造革而焕发出活力。安迪·沃霍尔的鲜花艺术品以收藏花瓶中的白色真玫瑰为衬托

右和下：厨房和家庭活动室

后几页（左）：一幅佛兰肯瑟勒的绘画作品挂在主卧床铺上方，这是这对夫妻购买的第一幅真正的艺术品。他们喜欢收藏优秀艺术家和年轻才俊的作品

后几页（右）：主浴室

上左和上右：客卧因为凯西·爱尔兰设计的印花窗帘而让人感觉现代时髦。大卫·希克斯设计的墙纸的深浅色调突出了基本的灯具。刷高光本杰明摩尔灰色涂料的边饰与瑞典白牛津墙构成对比

上：一间男孩卧室采用大胆的蓝色和白色条纹设计。定制床头板和深浅不一的手工蓝色涂料条纹呼应维多利亚·哈根设计的窗帘上的几何圆形和方形图案

上：工艺室上方的圆屋顶为孩子们完成手工作业提供了过滤光。从屋顶进入的自然光和储存箱突
出了达什&阿尔伯特品牌棉质地毯的欢快颜色。仿古桌与带柠檬绿覆面的白色防竹椅和谐共存

右：花园格栅门通向一个带石砌壁炉的开放式泳池小屋

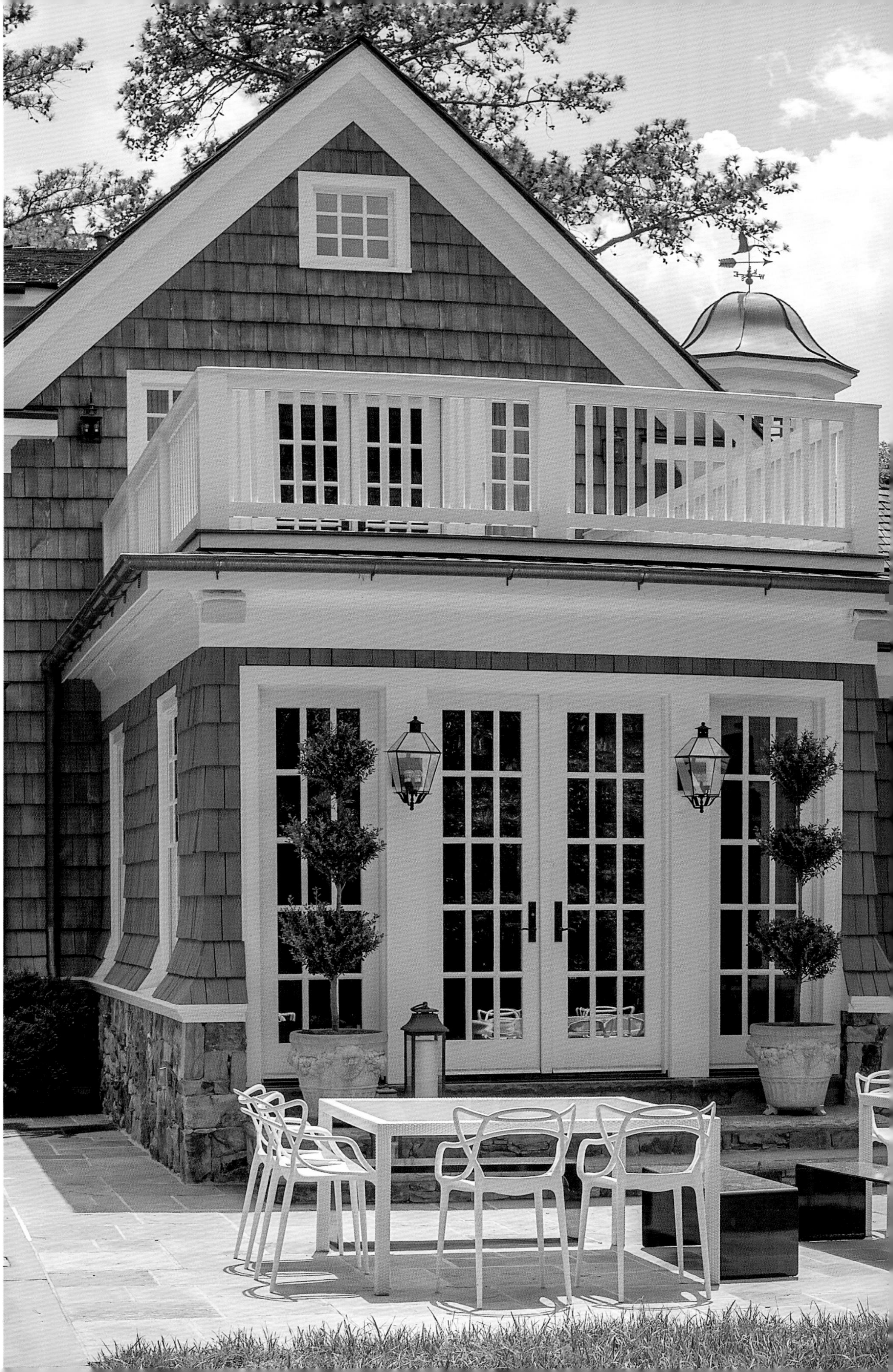

康纳住宅

佐治亚州亚特兰大市

古典主义的魅力在于它具有一种超越时间和地点并在任何环境下以一种全新的声音进行陈述的能力。成功地获得这种多变性的建筑多年来在不同文化中重复出现，并不断发展以满足每种新社会的需求。

因此，当康纳住宅被构想成一座反映法国古典主义的结构时，它的建筑规划在经过修改后融入了这种历史风格的精华。只有对各种元素经过细致考量且对材料进行精心选择，古典主义才会获得最大成功。这对康纳住宅而言尤为如此。

康纳住宅的外部覆层采用德克萨斯州石灰石，其柔和的颜色与法国石灰石相似。重复的爱奥尼亚式凹槽壁柱的建筑细节界定了突出的开间，而横向檐部将建筑整体划分开来。带有精美托饰的主檐口也用石材制作，肯定了原建筑风格的真实性。灰色福蒙特州板岩屋顶上点缀着镀锌天窗、排水沟和排水管。所有门窗都是定制的，其样式为仿 18 世纪的法式门窗。

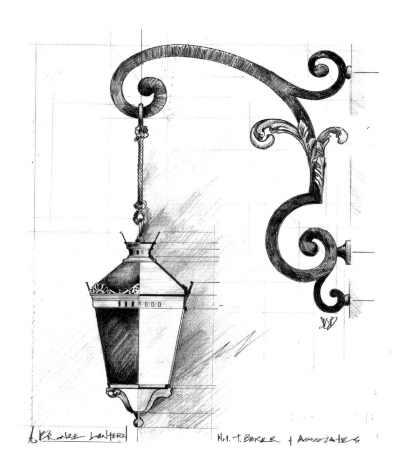

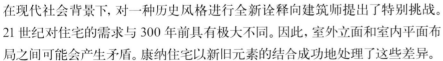

在现代社会背景下，对一种历史风格进行全新诠释向建筑师提出了特别挑战。21 世纪对住宅的需求与 300 年前具有极大不同。因此，室外立面和室内平面布局之间可能会产生矛盾。康纳住宅以新旧元素的结合成功地处理了这些差异。

该住宅的建筑平面图采用对称形式，沿两条轴线布置。主轴线贯穿房屋中心，从屋前花园小路开始，穿过入口大门，终结于屋后草坪。之所以需要建立第二根轴线是因为房主为书房购买了一扇重要的彩色玻璃窗。这扇窗户约制造于 1904 年，面积为 0.84 平方米。它是书房的焦点。第二条轴线开始于这扇窗户，

纵穿房屋，结束于餐厅中房主的椅子。在任何时候，建筑平面图和建筑都是房主追求的终极乐趣。这一目标在书房里再次得以体现，因为那里增加了从巴黎的一座住宅中购买的 19 世纪胡桃木面板。这些面板代表了法国木工艺术的巅峰。

对建筑师而言，能够有幸与具有品味和财力的客户合作创造一个建筑珍宝是一个特别的机会。当建筑师的所有创造力与房主的热情和展望结合起来时，会产生一种特殊的魔力，从而创作出具有永久品质的作品。康纳住宅代表了这样的机会，在今天证明了法国古典主义风格的永久魅力及其适应新时代和新地方的能力。

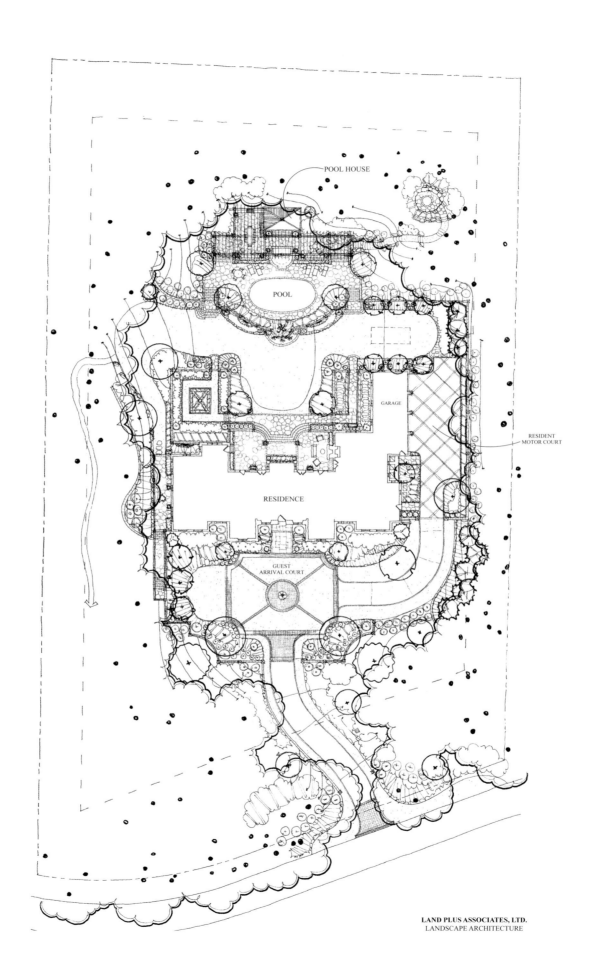

POOL HOUSE

POOL

GARAGE

RESIDENT
MOTOR COURT

RESIDENCE

GUEST
ARRIVAL COURT

LAND PLUS ASSOCIATES, LTD.
LANDSCAPE ARCHITECTURE

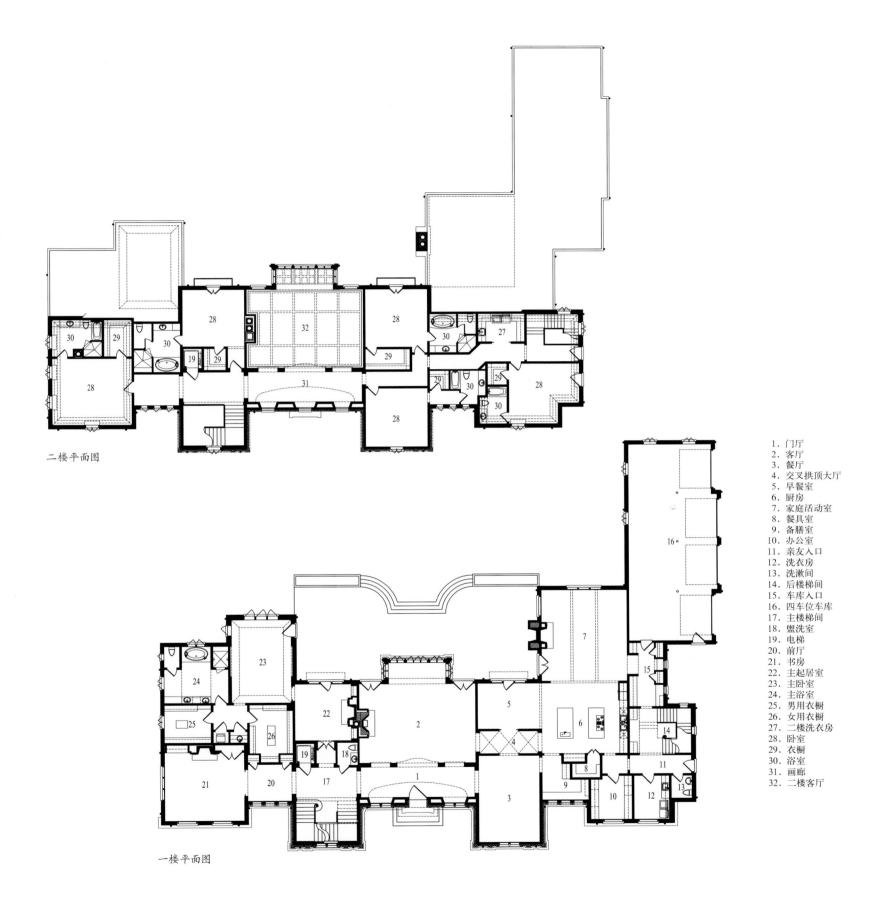

二楼平面图

一楼平面图

1. 门厅
2. 客厅
3. 餐厅
4. 交叉拱顶大厅
5. 早餐室
6. 厨房
7. 家庭活动室
8. 餐具室
9. 备膳室
10. 办公室
11. 亲友入口
12. 洗衣房
13. 洗漱间
14. 后楼梯间
15. 车库入口
16. 四车位车库
17. 主楼梯间
18. 盥洗室
19. 电梯
20. 前厅
21. 书房
22. 主起居室
23. 主卧室
24. 主浴室
25. 男用衣橱
26. 女用衣橱
27. 二楼洗衣房
28. 卧室
29. 衣橱
30. 浴室
31. 画廊
32. 二楼客厅

97

上：主楼梯间室内装饰是由布莱恩·艾伦·柯兰克设计公司设计的。这里的焦点是随意陈列的乐器，反映了房主对音乐的爱好

右：书房的主要特征是19世纪手工雕刻橡木面板和来自伦敦的一扇1903年产的彩色玻璃窗。黑色理石壁炉出自英国奢侈壁炉品牌柴斯尼。室内设计由卡罗尔·威克斯操刀

上和最右：客厅是由帕特里克·麦克林室内设计公司设计的
中：客厅里精美的法式壁炉是由英国伦敦柴斯尼制作的

左: 餐厅里由罗布·布朗室内设计公司设计的精美装饰衬托了贝克操刀
的漂亮法式石膏线

上: 备膳室由凯莉·格里芬室内设计公司设计

对页: 宽敞舒适的家庭活动室是由蒂什·米尔斯责任有限公司和谐生活工作室设计的

上: 厨房由卡帕迪橱柜公司设计,采用白镴台面和珍珠似的施华洛世奇水晶吊灯

对页：大交叉拱顶厅由肖恩·帕克设计工作室设计
上：早餐室由黄杨木花园与礼物设计工作室设计

上左：书房的主要特征是19世纪手工雕刻橡木面板和一扇来自伦敦的1903年产的彩色玻璃窗。黑色理石壁炉来自柴斯尼。室内设计由卡罗尔·威克斯操刀

下左：洗衣房由安娜·艾布拉姆斯设计公司设计

中和上：后楼梯间由商品设计工作室设计

上：主起居室由和平设计工作室设计
中：主浴室由J.赫希室内设计工作室设计
右：主卧室由米勒尼·特纳室内设计工作室设计

左：二楼大厅由特拉奇·罗兹室内工作室布置

上：二楼起居室由斯坦顿家具装饰公司设计

这几页：卧室的奢华装饰由费尔南德斯&特鲁室内工作室（左）和詹姆斯·法梅尔设计工作室设计

上: 大双人间卧室由德斯-席恩室内工作室设计
对页: 单人间卧室由克莱·斯奈德室内设计公司设计

左：吸烟室由迈克尔·哈巴比室内工作室设计
上：浴室由卡帕迪橱柜公司设计

顶部：咖啡厅由家具咨询公司设计
上左：起居室由装饰设计公司设计
上右：电视间由宜家设计
对页：后部外观视图

福克住宅

佐治亚州亚特兰大市

这是威廉·T. 贝克为这家人设计的第二处住宅。两处住宅都采用复折屋顶殖民复兴风格,带门廊,且两处都是用于休闲娱乐的受人喜爱的家庭住宅。

福克住宅很幸运地位于一条山脉之上,朝向南方,拥有地平线景观。因为屋后的斜坡向下延伸,所以地下室光线充足,里面包括一套客房和毗邻泳池露台的娱乐室。

因此,一楼抬高了整整一个楼层,每个房间后面都有一个圆形门廊,拥有漂亮的景色。门廊采用拱形天花和木梁,从屋后延伸出去,各个方向都有优美的景色。

该住宅的建筑平面图上规划了一个中心大厅,以横向搭叠壁板装饰。前门是实心桃花心木制作的,门面上安装黄铜圈门锁,这种门锁是 18 世纪住宅的

左: 安装在石墩上的白色大门框住了通向房屋的砾石车道
上: 白色尖桩篱笆和大门通向菜园

123

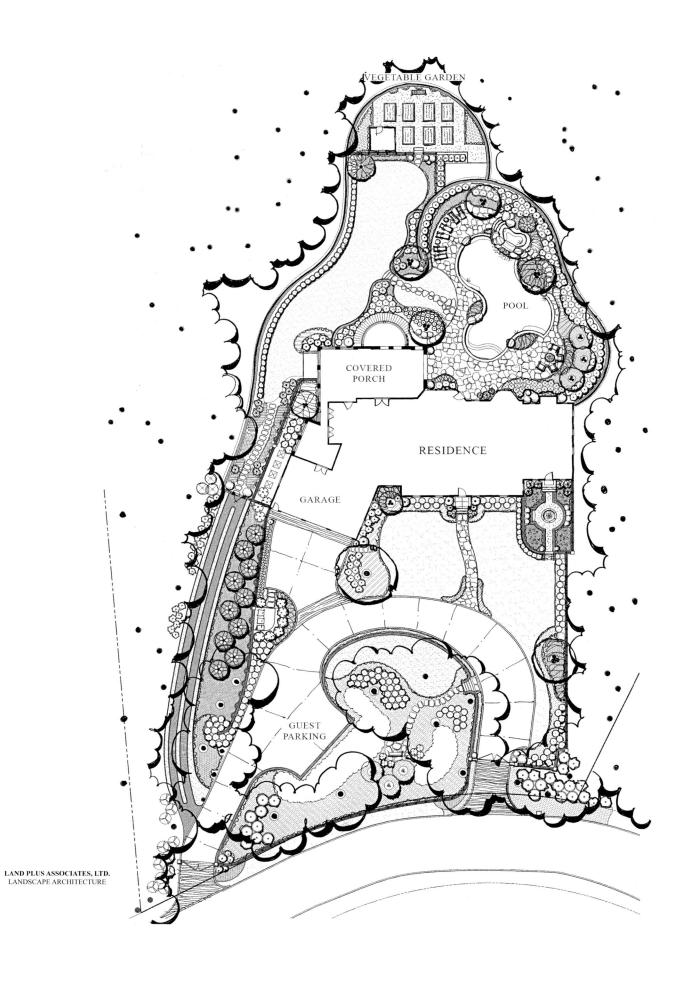

VEGETABLE GARDEN

POOL

COVERED
PORCH

RESIDENCE

GARAGE

GUEST
PARKING

LAND PLUS ASSOCIATES, LTD.
LANDSCAPE ARCHITECTURE

124

典型特征。大厅右边是漂亮的镶贴面板的书房，与房主的筒形穹顶私人办公室相通。大厅左边是正式餐厅和备膳室。进入客厅，迎面可见玻璃装饰的整面后方墙体。紧邻该空间的是一个通向厨房和家庭活动室的大洞口。如同贝克设计的许多住宅，这些空间界线分明，却流畅地从一个流向另一个。

因为二楼完全位于主屋顶下方，每个卧室都在窗边设置漂亮的加垫座椅，吸引人们坐在这里看书。二楼卧室可通向二楼电视房，而电视房兼做工艺室和书房。

车库上方是一套完整的公寓房，带户外入口，是成年子女或其他家人在此长时间逗留时的理想场所。

主套房为主人们提供了一个远离房屋其他部分的秘密休息处，带一个足够用作起居室的大卧室。主浴室有一个超大玻璃淋浴间和一间带中心岛的步入式衣橱。为提供方便，主套房拥有一个通往独立办公室的单独入口，这样主人可在深夜回复邮件而无须穿过房屋其他空间。该平面布置多年来一直令人满意。

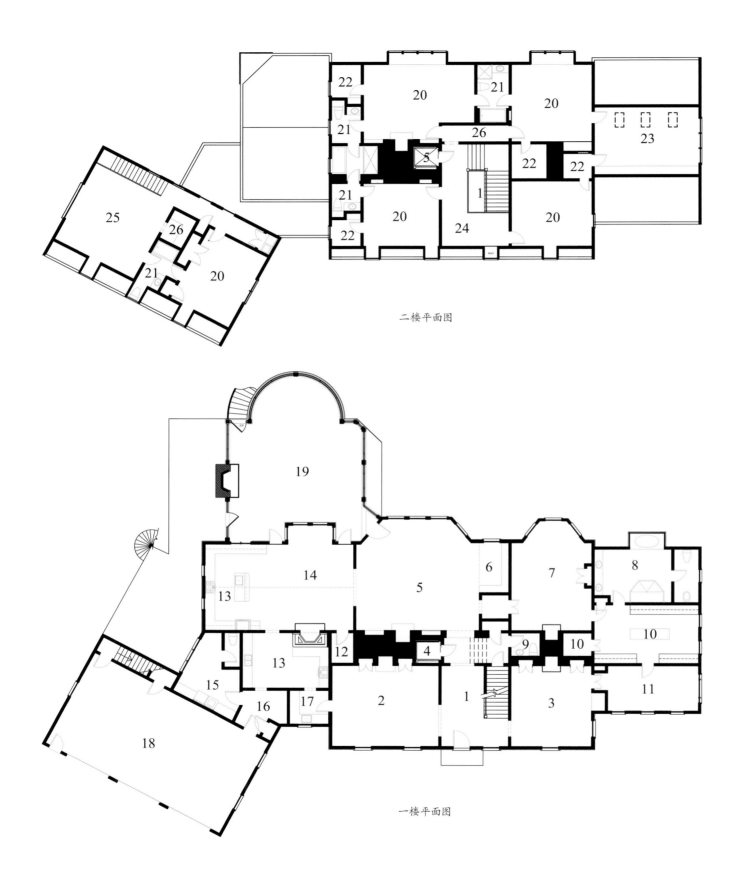

二楼平面图

一楼平面图

1. 门厅
2. 餐厅
3. 书房
4. 电梯
5. 客厅
6. 小角落
7. 主卧室
8. 主浴室
9. 盥洗室
10. 衣橱
11. 办公室
12. 餐具室
13. 厨房
14. 起居室
15. 洗衣房
16. 沾泥物品寄存室
17. 备膳室
18. 三车位车库
19. 屏风门廊
20. 卧室
21. 浴室
22. 衣橱
23. 儿童游戏室
24. 楼梯间
25. 起居室

本页和左：客厅的不同视角

下页：餐厅构成了一个正式却温馨而亲密的空间

上页：穹顶厨房采用屋顶天窗照明
上：一个大弧形屏风门廊为户外用餐提供了宽裕的空间

本页和右：淡蓝色的主卧室以及主浴室（上）为主人们提供了一个安静的休息处

本页和下页（上）：房主办公室采用面板分隔拱顶。侧门通向一个私密花园

下页（下）：娱乐室毗邻泳池露台

下页（右）：户外露台设置一个火坑，除此之外，此处还拥有整个花园的开阔风景

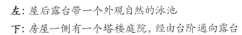

左：屋后露台带一个外观自然的泳池

下：房屋一侧有一个塔楼庭院，经由台阶通向露台

古普塔住宅

佐治亚州亚特兰大市

古普塔住宅高坐在一座林木葱郁的小山上，融入了工艺美术折中风格元素。这些元素共同构建了一栋既漂亮又舒适的住房。深深的屋檐和凹进的前入口投下的阴影给了建筑一定的深度和趣味。在右翼部分，一个悬挑壁炉悬挂在空中，由重支架支撑。入口右边的长窗位于主楼梯前方，将光线引入室内。

该住宅给人一种圣巴巴拉市建筑似的感觉，在那里定不会显得突兀。该住宅选址在佐治亚州，隐身于松树和其他硬木之中。浅黄色的硬敷灰泥和福蒙特州板岩屋顶给了这座住宅纹理和质量，产生了一种物质感。

前入口门厅被一条走廊划分成两部分，右边通往一个引人注目的椭圆形两层楼书房。弧形阳台在这个椭圆形上打开了一个洞口，吸引人们向上看。阳台的作用通过写字椅加以暗示，而写字椅刚好可越过护栏被看见。前立面可见的悬挑烟囱作用于这个二楼阳台区。除了作为书房外，该空间还能兼做音乐室；这家人对吉他和钢琴的喜爱在这栋住宅中表现得淋漓尽致。

厨房和家庭活动室外是一个拱顶屏风门廊, 为一年四季开展户外娱乐活动提供
了空间。它足够宽敞, 可容纳一套用于非正式晚餐的用餐桌椅。正式客厅也向外
延伸出一个露天侧门廊, 门廊面朝远处的树林和泳池及泳池屋。侧门廊上方是
一个属于主卧房的私人悬挑阳台。

对贝克而言, 这座住宅代表着与其创作的更加传统的作品的一种脱离, 展示了
他作为设计师所具有的高深能力。尽管他是因受历史启发的住宅设计而闻名,
不过在遇到设计更加中性的建筑机会时, 他作为设计师的天性就清晰地表现
在成功的主体构建以及新风格元素的融合上。

144

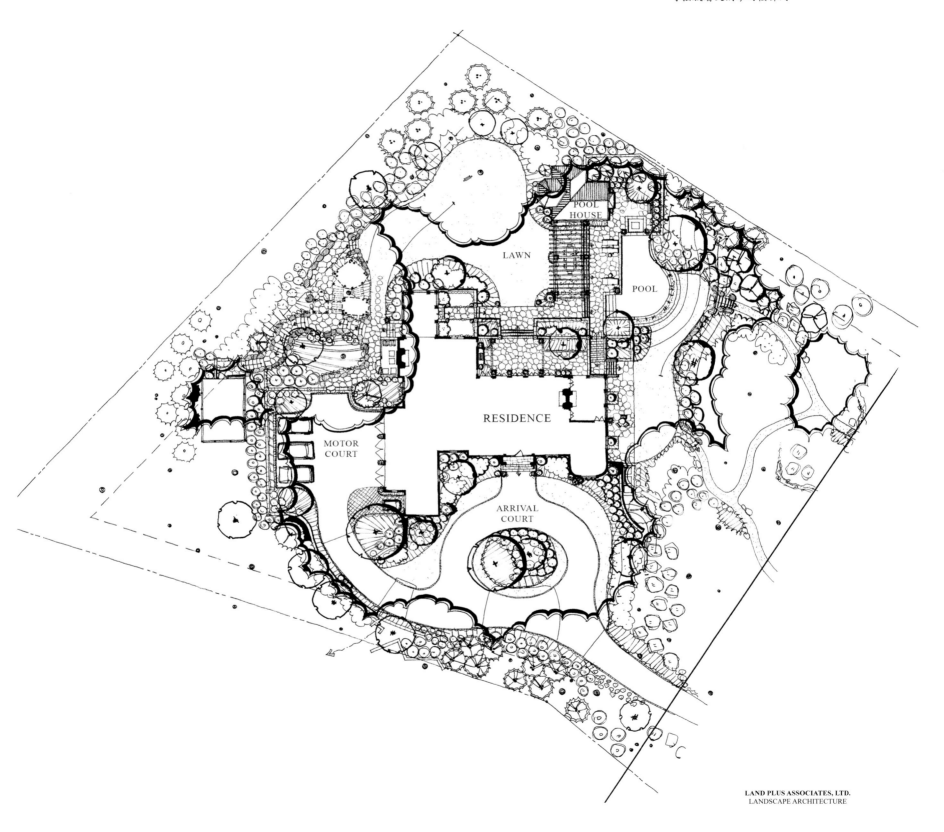

POOL HOUSE

LAWN

POOL

RESIDENCE

MOTOR COURT

ARRIVAL COURT

LAND PLUS ASSOCIATES, LTD.
LANDSCAPE ARCHITECTURE

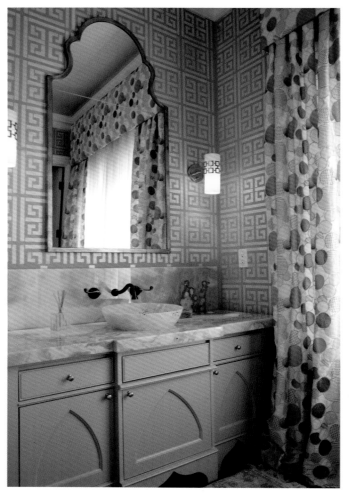

上：时髦的盥洗室

下和对页：冷灰和白色突出了客厅

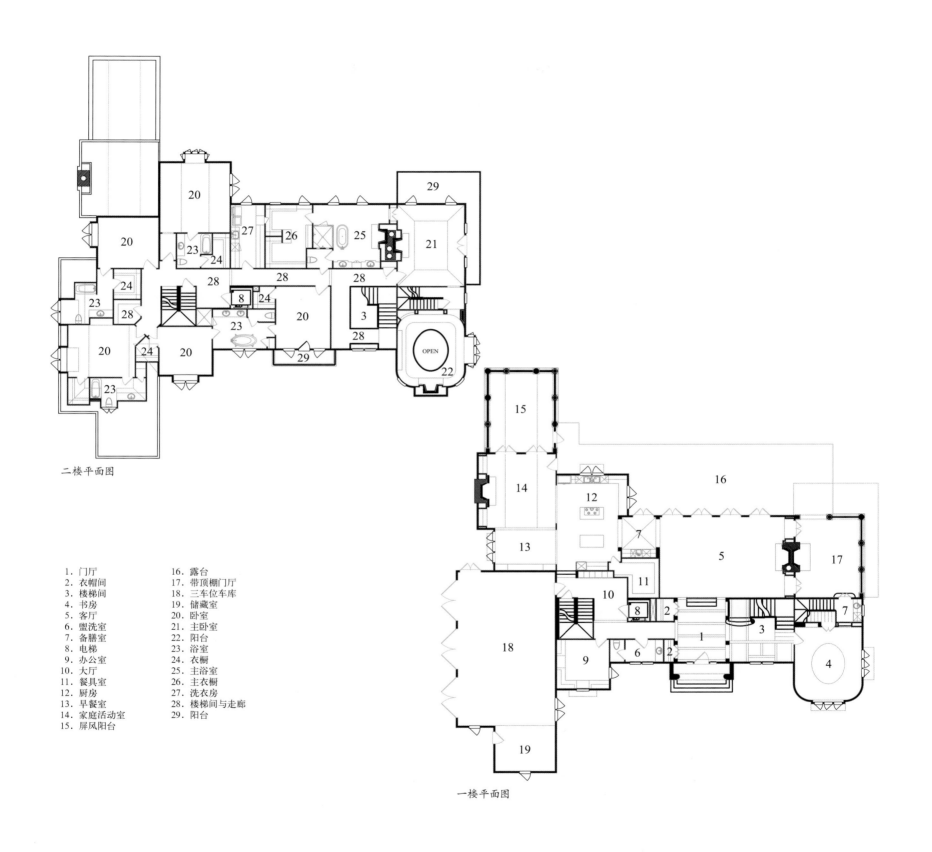

二楼平面图

1. 门厅
2. 衣帽间
3. 楼梯间
4. 书房
5. 客厅
6. 盥洗室
7. 备膳室
8. 电梯
9. 办公室
10. 大厅
11. 餐具室
12. 厨房
13. 早餐室
14. 家庭活动室
15. 屏风阳台
16. 露台
17. 带顶棚门厅
18. 三车位车库
19. 储藏室
20. 卧室
21. 主卧室
22. 阳台
23. 浴室
24. 衣橱
25. 主浴室
26. 主衣橱
27. 洗衣房
28. 楼梯间与走廊
29. 阳台

一楼平面图

对页： 一个弧形阳台为椭圆形的两层楼高书房
增添了趣味

左：大窗为厨房提供了充足的光线以及整个花园的景色
上：早餐室直接面向拱顶家庭活动室

153

前排农庄

佐治亚州弥尔顿市

草地上茂密的阔叶林和小溪让这块地产的未来主人确信，这里将成为那种他们多年来一直喜爱的马场。一个出人意料却令人感激的惊喜是，周边树林中生活着各种各样的野生动物，它们追寻这块土地上的溪水而来。比尔家族热爱户外活动甚至胜过室内活动，因此，对他们来说，这种漂亮的乡村背景超出了他们的预期。

购买这块土地后，主人们为他们的障碍赛马和四条拉布拉多犬修建了一个畜棚和竞技场。但后面规模更大的工程是拆除原房屋并在原地修建一座漂亮的联邦式住宅（1780–1815）。这座新住宅为这家人提供了一个展示其收藏的珍贵美国古董的陈列柜，并具有对称结构的代表性元素、一面带一扇帕拉第奥式窗的中心山墙以及一条带装饰石膏线的精美檐口。

主人们对经典美式建筑的热爱还体现在花园中。在那里，有许多曾经出现在美国一些最著名但被遗忘的建筑结构中的鸟屋，它们正在等待春天筑巢的蓝知更鸟的到来。

门厅中的弧形楼梯为传统中心大厅式平面布局增添了亮点。具有历史意义的木制品完美地衬托了这对夫妻收藏的珍贵美国古董，其中一些可追溯至美洲大陆的发现。

一座大落地钟坐落在餐厅外，惹人注目。八种不同木材的精美镶嵌作品吸引人们关注 19 世纪早期的典型手工艺品。这个家庭没有将自己的收藏品看作欣赏品，相反，他们在餐厅大量采用桃花心木家具，

而这些家具也出自联邦时期。餐厅如此漂亮，令人认为只有在正式场合才可利用。

家人和客人经常在舒适的客厅相聚，那里能够捕捉过滤后的晨光，并让打磨后的旧物表面散发光泽。这里，南部工匠制作的仿古椅排列在一个 17 世纪雕刻的新英格兰高脚抽屉柜前。一个漂亮的大陆展示花瓶在清晨的阳光中闪闪发光。花瓶与刷漆木护壁相协调，而护壁则衬托了房间中的家具和艺术品。

书房镶贴用色大胆的墙面板。它与餐厅相邻，室内摆放一个珍贵的弗吉尼亚瓷器陈列柜，里面收藏了大量花饰陶器和仿古玻璃壁灯。行家会发现，这里有一个珍贵的费城桌和一个烛台架，两者拥有与同时期作品不同的腿形和脚形。

家庭活动室的原漆老鹰雕塑被认为可追溯至 19 世纪的纽约。它圆瞪双眼，警惕地张望远方，展示了艺术家受益于摄影技术之前的时期中雕刻者的技术。这个房间还包括殖民时期的糖橱和被橱、一个餐具柜、一个墙角柜以及其他同样反映了美国早期的有趣藏品。

在厨房中，一个收进式橱柜炫耀着它的精美齿饰，这种齿饰是联邦风格的典型特征。用虎纹枫木雕刻的木勺和一个鸡形风向标是主人们喜爱的另外两个藏品。早餐室的餐桌上放着一个蜜蜂盅形花饰奶酪器。奶酪器具有这个时期的两个显著对比特征——对简单乡村形式的喜爱以及对英国维多利亚风格的高度欣赏。

157

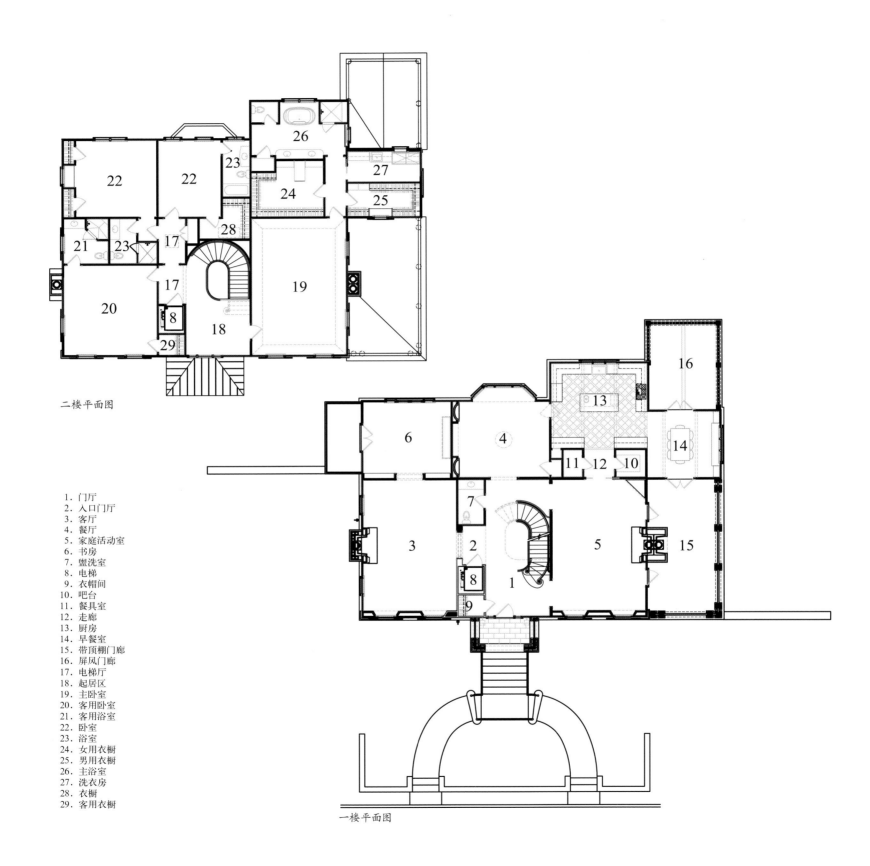

二楼平面图

1. 门厅
2. 入口门厅
3. 客厅
4. 餐厅
5. 家庭活动室
6. 书房
7. 盥洗室
8. 电梯
9. 衣帽间
10. 吧台
11. 餐具室
12. 走廊
13. 厨房
14. 早餐室
15. 带顶棚门廊
16. 屏风门廊
17. 电梯厅
18. 起居区
19. 主卧室
20. 客用卧室
21. 客用浴室
22. 卧室
23. 浴室
24. 女用衣橱
25. 男用衣橱
26. 主浴室
27. 洗衣房
28. 衣橱
29. 客用衣橱

一楼平面图

158

对页：餐厅包括一个来自马塞诸塞州的制作于1830年的精美谢拉顿式餐具柜以及来自同时期的椅子。餐具柜上方装饰着一幅名为《同天鹅一起飞翔》的19世纪美国绘画

顶部：纯色翼背椅来自马里兰州，可追溯至18世纪末，并被录入美国南部早期装饰艺术博物馆

上左：客厅的焦点是一个漂亮的18世纪新英格兰式樱桃红高脚抽屉柜，带断开的三角拱饰。该高脚柜曾经属于康涅狄格州州长

上右：一个超大的英式铁矿石花瓶，带有精美的花纹，很有可能是一件展品

这几页：书房有一个珍贵的制作于1785年的东部弗吉尼亚州瓷器陈列柜，里面展示了主人收藏的众多英国斯塔福德郡陶瓷。联邦式桶背安乐椅制造于1800年

左和下：该起居室墙面上的老鹰是18世纪90年代在纽约上漆的。其原始风格显示，在摄影技术发明之前，艺术家们很难研究飞行中的老鹰

上：家庭活动室的美国鹰雕塑是乔治·斯塔普夫的作品

对页：厨房的亮点之一是联邦时期宾夕法尼亚州产的收进式橱柜。橱柜展示着多个精美的木勺和一个花雕擀面杖藏品

右和下：早餐室有两个19世纪藏品——蜜蜂盅是一个奶酪存放器，属于维多利亚时期的纪念品；鸡形风向标来自美国，曾经站立在新英格兰的一个谷仓之上

主卧中的托盘式凹面天棚让原本宽敞的房间显得更加宽敞。檐口上的隐形灯带柔和地勾勒出天花的形状，增添了趣味。但房间尽头的大幅圆形风景画才是真正的焦点。

顶楼其他卧室均可通过电梯轻松抵达，设计时已考虑某些宾客。黄色卧室的温馨氛围是为家人营造的，窗帘上方安装彩色檐板，而衣物大橱柜则成为该房间最贵重的财产。年轻的侄男外女喜欢自己房间里的淡紫色墙面以及合理搭配的棉质印花布。住宅中普遍采用的门口珠饰曾经是联邦时期带来的影响的一个标志，但在这个房间里，因为带泡泡图案的床上用品，它显得更加有趣。

上：楼梯顶部的缓坡台上设置来自北卡罗来纳州的18世纪晚期桌子和书架。书架展示了更多主人们收藏的19世纪斯塔福德郡陶瓷

右：在主卧室里，有着精美雕纹的19世纪末桃花心木四柱床的位置选择得当，非常适合观看房中一幅精美的19世纪油画，上面描绘的是19世纪时期美国的漂亮风景

客卧的暖绿色为所有旅行者创造了一个温馨的空间。这个卧室总是在床边摆上一瓶绣球花，与布料上的图案或农场花园精心修剪的牡丹花相得益彰。

房屋内外都真实地反映了古典美国设计。宽敞流畅的平面布局将上好的砖、石材和木材与漂亮的细节融合起来，创造了一座极其优秀的永恒建筑。

弗朗西斯·帕尔默·史密斯住宅

佐治亚州亚特兰大市

当佐治亚理工大学建筑学院院长弗朗西斯·帕尔默·史密斯在1925年设计和建造自己的住宅时，他可能完全没有想到，90年后他家漂亮的殖民复兴式住宅会变得破败不堪。事实上，这座住宅的情形如此糟糕，以至于无法确定是应该将它保留下来还是对其进行改建以创造新的生命。

这座住宅因为长久失修而损坏严重，以致于板岩屋顶开始漏雨，抹灰天花出现裂缝或是掉落，墙面涂料开始剥落，硬木地板出现翘曲。原浴室和厨房的状态也非常糟糕，整栋房屋几乎无法居住。

当贝克和新主人们——柏格森一家来此检查房屋时，两位警察正站在私人车道入口。他们被房地产中介请来清理出一条进入房屋的安全入口，因为一位非法占据者声称持有武器而且威胁射杀任何敢于进入房屋的人。警察控制了这栋房子，确定占用者卸除武器，并护送他们穿过垃圾遍地的房屋。他们因此而开启了挽救这栋房屋并为它在21世纪重续生命的旅程。

埋藏在这栋住房中的宝藏包括来自弗朗西斯·帕尔默·史密斯工作室的绘画。它们是柏格森一家在二楼一角要被扔掉的垃圾中发现的。

上：新百叶窗经过了精心制作，以搭配近100年前的原百叶窗

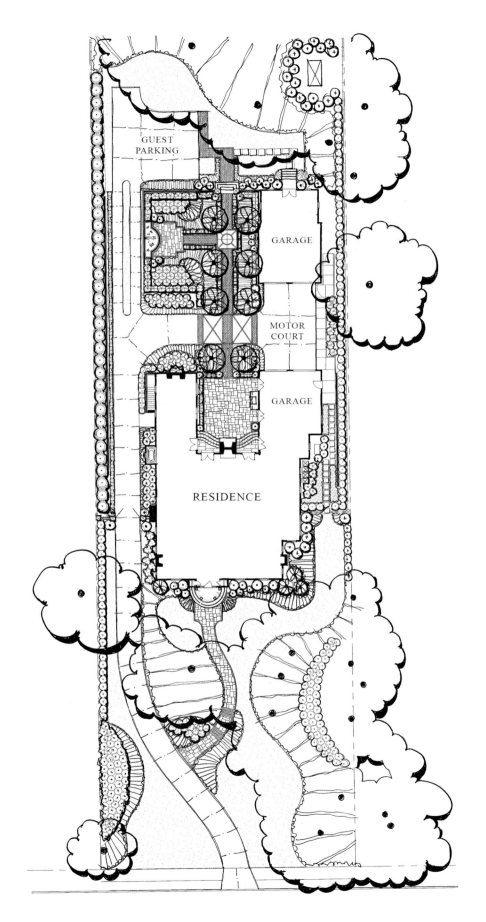

GUEST
PARKING

GARAGE

MOTOR
COURT

GARAGE

RESIDENCE

LAND PLUS ASSOCIATES, LTD.
LANDSCAPE ARCHITECTURE

上：前门廊柱子上可见的之前出现的腐烂状态代表了房屋被购买时的状态

右：原柱头石膏模型装饰着门廊周围的复原柱子

幸运的是，这些绘画及时获得挽救，从而能够保存下来，目前被收入佐治亚理工大学建筑学院。其中一幅绘画是一栋学院式建筑的漂亮透视图，是史密斯在宾夕法尼亚大学上学期间著述的一篇论文的一部分。主人们保留了这幅绘画，裱装后展示在住宅中镶贴墙面板的书房中。

其他宝藏是在主卧中的一个壁式保险箱内发现的。原房主忘记了密码，没人知道里面藏了什么。新主人们让人打开了这个保险箱，让所有人惊讶的是，里面竟然藏有钻石项链、史密斯的怀表以及其他家庭藏品。这些都被慷慨的还给了史密斯家。

建筑方面的宝藏是在房屋的地下室发现的。壁炉上方堆放着部分原始的但现在丢失的前门廊护栏以

及一个原始百叶窗。这些都被用于复制原始元素和改建前门廊，以让它看起来和1925年时一模一样。门廊的精美柱子及其风之殿式柱头被修复，檐口的缺失部分被重塑和更换。加铅侧灯的玻璃以及前门的横眉被修复，新铅加上了一层酸性薄膜，以搭配原材料。腐蚀的壁板被更换，啄木鸟洞口被封闭和充填。史密斯定制的带有心形图案的百叶窗被细心地复制并加装可开关铰链。当房屋在2012年完

工后，它看起来像史密斯一家在90年前首次搬进去时一样崭新。

柏格森一家希望扩大房屋的服务中心，包括一个更大更时髦的厨房、早餐室、备膳室，并与家庭活动室连接。此外，一楼还增建了一个侧翼结构，以修建一间主套房。每个增建结构都经过了精心设计，以保护房屋的原临街立面，同时增加房屋的历史内部空间。

右：常年漏水造成了房屋内抹灰墙面和顶面的严重破坏，特别是前部分结构

下：一个精美的走廊拱形框住了新楼梯间和远处的新家庭活动室

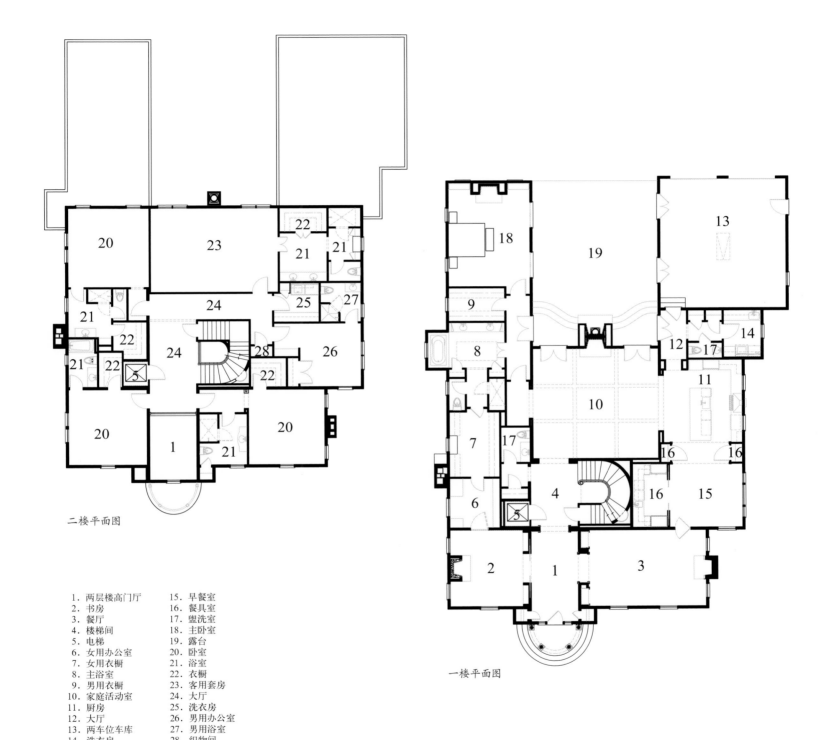

二楼平面图

一楼平面图

1. 两层楼高门厅　　15. 早餐室
2. 书房　　　　　　16. 餐具室
3. 餐厅　　　　　　17. 盥洗室
4. 楼梯间　　　　　18. 主卧室
5. 电梯　　　　　　19. 露台
6. 女用办公室　　　20. 卧室
7. 女用衣橱　　　　21. 浴室
8. 主浴室　　　　　22. 衣橱
9. 男用衣橱　　　　23. 客用套房
10. 家庭活动室　　　24. 大厅
11. 厨房　　　　　　25. 洗衣房
12. 大厅　　　　　　26. 男用办公室
13. 两车位车库　　　27. 男用浴室
14. 洗衣房　　　　　28. 织物间

本页和对页：新安装一个大弧形楼梯来替代原楼梯（上）。屋顶天窗向楼梯井引入自然光

179

上：原设计中的前客厅被改建为宴会规模的餐厅

右：家庭客厅

设计师在规划平面布置图时做出了几大重要的变化。餐厅变成了镶贴面板的书房，而客厅则被重新定义为宴会规模的餐厅。原有的直线楼梯被迁移至房屋中心，并改建成弧形，以创造从地下室到阁楼的通道。楼梯间顶部安装圆形天窗，向房屋中心引入过滤光。所有原脚板及门窗套都被复制出来。各种不同的檐口或被复制，或被改建，以符合那个时代的房屋的典型特征。

所有人都希望，如果弗朗西斯·帕尔默·史密斯回到他喜爱的家庭住宅，他能对这个作品感到满意。因此，一栋原本在邻居眼中难看的住宅如今变成了亚特兰大市具有重要历史意义的德鲁伊山的衬托。

本页和对页：原来的餐厅被改建为书房，带伊丽莎白式抹灰顶面和布褶纹式面板，一幅弗朗西斯·帕尔默·史密斯创作的建筑图纸挂在壁炉上方

本页和对页：原厨房面向早餐室开放，以创造一个更加开放、
光线更充足的空间

本页和对页：房屋后方增建了一个新主套房和家庭活动室

肖住宅

佐治亚州罗马市

肖住宅建于 1909 年, 位于具有历史意义的库萨乡村俱乐部高尔夫球场上。这座住宅俯瞰一片葱翠的草地, 草地的周边是 100 年前栽种的树木。因为父亲和儿子玩高尔夫, 所以他们希望在步行离开房屋后能够立即走在草地上, 或者步行一小段距离前往俱乐部。

因为房屋位于转角地段, 所以设计师在设计平面图时遇到了特别的困难。因为这点, 设计需要确定三个方位: 一个面向侧面街道, 一个面向高尔夫球场, 另一个则面向屋后露台。在完成后的平面图中, 贝克极为特别且成功地以一种舒适的方式解决了这些方向问题。

从街道看, 入口立面的左边角落是一个拱顶书房。这间房屋拥有屋前草坪和高尔夫球场的景色。书房后面与一个朝向高尔夫球场的长门廊连接。该门廊还与客厅、餐厅以及一间一楼卧室相通。通过这种方式,

所有房间在整个房屋后部构成了一条从一个房间通向另一个的环形流线。门廊的另一头修建一个与之搭配的山墙, 给了高尔夫球场立面一种对称的外观。

住宅的另一半结构, 即朝向屋后草坪的一面, 包括通向大型拱顶家庭活动室的厨房和早餐区。房间尽头的起居区正对一个石灰石壁炉以及通向石板铺面露台和远处草坪的玻璃门。这里, 全家人可以在气候温暖的月份里进行烧烤或娱乐。因此, 该平面图提供了前往三个区域的通道, 每个区域都具有不同的用途。

室内空间采用大量古董和艺术品装饰, 给了房屋一种旧世界的感觉。此外, 室内还对彩色和印花布料加以巧妙利用, 与今天更加常见的单色配色方案相比, 这是一个令人满意的改变。住宅的整体效果是物质性的、自信的和温馨的, 真正地反应了这个家庭的个性。

PUTTING
GREEN

RESIDENCE

FORMAL LAWN

GARAGE

MOTOR
COURT

LAND PLUS ASSOCIATES, LTD.
LANDSCAPE ARCHITECTURE

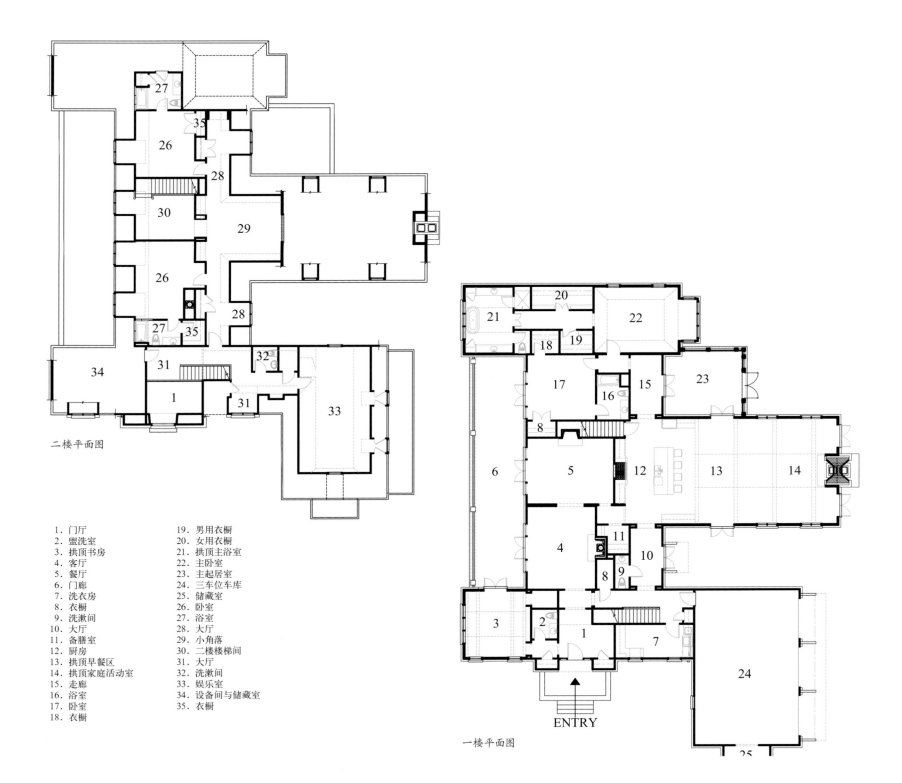

二楼平面图

1. 门厅
2. 盥洗室
3. 拱顶书房
4. 客厅
5. 餐厅
6. 门廊
7. 洗衣房
8. 衣橱
9. 洗漱间
10. 大厅
11. 备膳室
12. 厨房
13. 拱顶早餐区
14. 拱顶家庭活动室
15. 走廊
16. 浴室
17. 卧室
18. 衣橱

19. 男用衣橱
20. 女用衣橱
21. 拱顶主浴室
22. 主卧室
23. 主起居室
24. 三车位车库
25. 储藏室
26. 卧室
27. 浴室
28. 大厅
29. 小角落
30. 二楼楼梯间
31. 大厅
32. 洗漱间
33. 娱乐室
34. 设备间与储藏室
35. 衣橱

ENTRY

一楼平面图

这些页面：纹理和图案营造的温馨感在入口门厅的设计中
非常明显，而且门厅处还设置了一座高落地钟

上：客厅设置一个有着漂亮雕纹的英式松木壁炉

对页：书房采用饰有图案的布料和一个锻铁灯具，充满丰富的色彩

后几页：餐厅以槽口结合面板装饰，展示了这个家庭的瓷盘收藏

194

本页和对页：大房间以艺术品和古董装饰，头顶采用暖色木材拱顶

这几页：主起居室（左）、主卧室（中）和主浴室（上）均采用暖色布料软装

201

上：露台包括围绕一个漂亮的石砌壁炉布置的多把座椅
次页：厨房通向一个大家庭活动室和早餐区

安德鲁斯住宅

佐治亚州亚特兰大市

受主人们热爱园艺的启发,安德鲁斯住宅的设计中精心地融入了草坪和花园,很像英格兰的建筑。这块土地毗邻一片占地 607 公顷的国家森林,所以草坪被规划成无缝地过渡至公园,创造出一种更大庄园的感觉。尽管花园在春秋两季繁花似锦,但主人们要求对园林进行设计,以使一年四季中庭院或温室内总有些植物处于花季。此外,该地产上还修建了一个采花花园,以为房屋内提供插瓶花,另有多个用来培育第二年春天栽种的种子的花床。这里的确是园艺师的天堂。

该住宅的结构从英国摄政时期的建筑处获得灵感,主立面有一个受到同时期启发的铸铁前门廊。进入房屋后一眼可见漂亮的前厅,里面有一架楼梯围绕着一个温馨的起居区。起居区的中心是一个常见于英式住宅的壁炉。但除了这个中心门厅外,平面图打破传统,使其布局代表了第二代美国平面图。

一楼整个左侧部分都是家庭办公区和主套房。主套房外面就是一个围合起来的房主专用私人花园,里面还包括一个热水浴缸。热水浴缸闲置时便成了花园中一处迷人的水景。主套房本身有三面分别面向草坪、花园和门廊。

门厅右边是一个大拱顶房间,里面包括带壁炉的家庭起居区、厨房和一个吧台。餐厅被从传统的房屋前部迁移至后部,从而朝向更加宽敞的后门廊和草坪。

开放起居区、厨房和餐厅,均通向房屋后部。这个综合区是创造舒适生活的另一个大构想,也是回避带中心大厅的传统对称平面图的原因之一。如此以来,安德鲁斯住宅平面图采用一种与受历史启发的室内空间不相符的布局,满足了这家人的需求。

右: 刷涂料的砖砌立面俯视一个砾石接待庭院,庭院中栽种成年英国黄杨树,非常漂亮

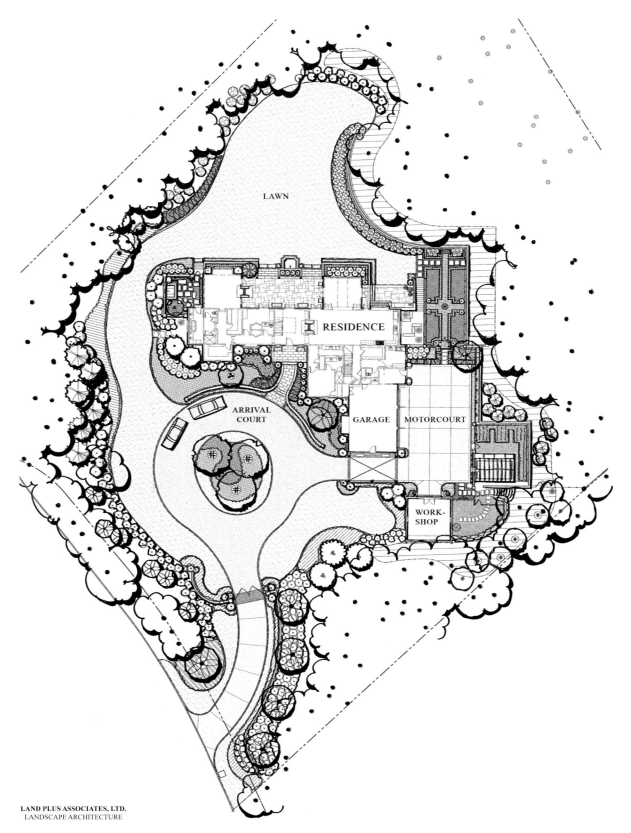

LAWN

RESIDENCE

ARRIVAL
COURT

GARAGE   MOTORCOURT

WORK-
SHOP

LAND PLUS ASSOCIATES, LTD.
LANDSCAPE ARCHITECTURE

对页：精美的铸铁入口门廊受到英国摄政时期建筑师约翰·纳
什的作品的启发

上和右：一扇拱形网格花园门通往采花花园和野花花园

本页和左：车辆门道框住了远处温室的景色

213

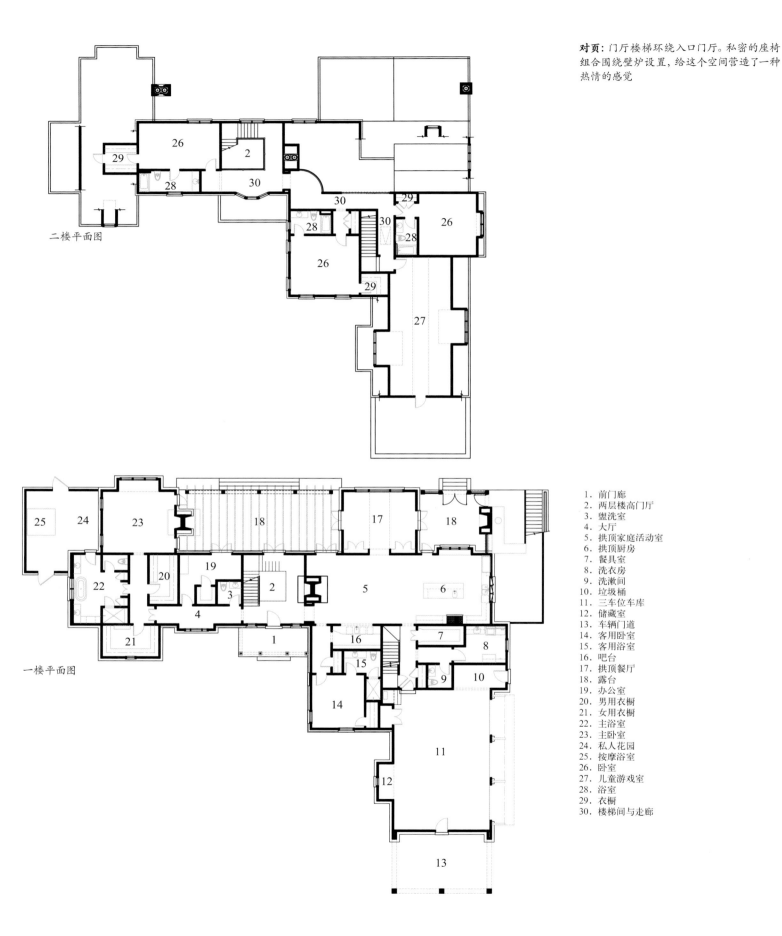

对页：门厅楼梯环绕入口门厅。私密的座椅组合围绕壁炉设置，给这个空间营造了一种热情的感觉

二楼平面图

一楼平面图

1. 前门廊
2. 两层楼高门厅
3. 盥洗室
4. 大厅
5. 拱顶家庭活动室
6. 拱顶厨房
7. 餐具室
8. 洗衣房
9. 洗漱间
10. 垃圾桶
11. 三车位车库
12. 储藏室
13. 车辆门道
14. 客用卧室
15. 客用浴室
16. 吧台
17. 拱顶餐厅
18. 露台
19. 办公室
20. 男用衣橱
21. 女用衣橱
22. 主浴室
23. 主卧室
24. 私人花园
25. 按摩浴室
26. 卧室
27. 儿童游戏室
28. 浴室
29. 衣橱
30. 楼梯间与走廊

对页和上： 由乔伊·麦克林设计的漂亮拱顶家庭活动室拥有一个大石砌壁炉和
一盏铸铁吊灯。该空间采用头顶天窗照明，光线充足，可从一个阳台上看到

上: 拱顶餐厅位于房屋后部, 与门廊相连。从它的高窗向外
可以俯视花园, 而花园周边是广袤的森林
对页: 厨房也位于房屋后部

对页：一张四柱床让宽敞的主卧室更加漂亮，而主卧可俯瞰屋后草坪
上：一个独立式浴缸是主浴室的焦点

上：被墙围起来的花园带一个从主套房流出的水景，为房主享用红酒
提供了一个私密空间

对页：户外露台设计了一个屋后喷泉

下几页：房产的后部外观被高大的树木和一个漂亮的绿色草坪框了
起来

梅普斯住宅

佐治亚州亚特兰大市

梅普斯家族在这片地产上已经居住了数百年，并逐渐喜欢上了它的周边和位置。因此，当他们决定建造新房屋时，拆除了原房屋并在原位置上重建，以保护屋前草坪上那棵漂亮的大树。

主人们对新家有两大要求。首先，他们希望新家具有环境可持续性，能获得土地工艺机构的认证。新宅地细心地管理建筑垃圾，利用地热井和相关暖通系统，采用更好的保温材料、节能家电和其他职能技术。最终，这所住宅获得了土地工艺机构金级认证。其次，他们希望新房的规模不会超过周边房屋，而实际上，在已建街区修建新房时，这种情况经常出现。因此，这座建筑采用一层半设计，以限制高度。

新房的前立面是根据主人们的要求设计的，拥有一个宽敞的前门廊，足够容纳一个门廊侧翼和更多座椅，以迎接可能造访的亲友。门廊两边是一对山墙和

凹进去的椭圆形拱顶，还有一扇嵌入式窗，为结构增添了趣味和变化。整个结构呈现漂亮的对称形式。

建筑平面图采用开放式格局，入口门厅非常宽敞，足够容纳一架大钢琴。门厅直接通向大房间，后者兼做客厅和餐厅，并面向厨房。大房间的整个后墙由落地玻璃门构成，开向泳池露台。厨房外有一个玻璃围合的早餐兼休息区，同样面向泳池露台，在平面图上构成了一条环形流线。

主套房被巧妙地设置在主楼层的左边角落，这样一来，它既拥有远离大房间的私密性，又能享有泳池露台的景色。二楼另有三个卧室和一个位于中心位置的家庭办公室。办公室是主房主们喜爱的一个空间，因为它拥有一个俯瞰泳池的阳台。在春秋两季，打开落地玻璃门后，沐浴在凉爽的空气中工作是一件愉快的事情。

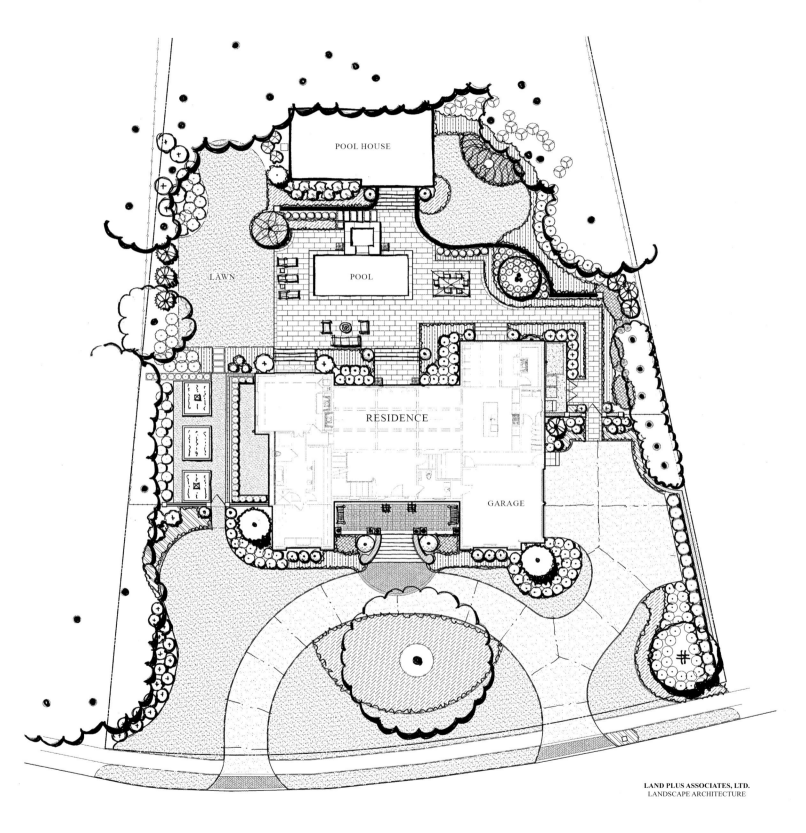

POOL HOUSE

LAWN

POOL

RESIDENCE

GARAGE

LAND PLUS ASSOCIATES, LTD.
LANDSCAPE ARCHITECTURE

228

二楼平面图

1. 前门廊
2. 门厅
3. 客厅
4. 餐厅
5. 盥洗室
6. 衣帽间
7. 厨房
8. 日光浴室
9. 餐具室
10. 洗衣房
11. 储物柜
12. 走廊
13. 办公室
14. 两车位车库
15. 女用衣橱
16. 男用衣橱
17. 主浴室
18. 主卧室
19. 卧室
20. 浴室
21. 衣橱
22. 大厅
23. 二楼办公室
24. 阳台
25. 阁楼储藏室

一楼平面图

本页和对页：厨房两边分别是起居室（上）和餐厅（对页）

233

左：主卧拥有整个花园的漂亮风景
顶部：家庭办公室阳台俯瞰泳池
上：娱乐室是一个宽敞通风的空间
后几页：住宅外观后视图

基斯图里奈克住宅

佐治亚州亚特兰大市

这座大住宅的机构融入了许多古典建筑悠久传统的精美细节，包括支撑前门廊的凹槽柱和风之殿式柱头。门廊后壁采用奶油色灰泥，以与房屋散石构成对比，而前门两侧是一对嵌入式壁龛，墙面上挂有灯笼。更远处可看到一楼的两扇主窗，两者上部都带有精美的半圆形抹灰弦月窗。整个结构精致大方。

建筑细节还体现在内部空间，门厅安装一部优美的弧形楼梯，地面镶嵌罗盘图案，而顶面则绘制罗盘图案。餐厅与门厅楼梯位于同一轴线上，采用圆形浮雕装饰抹灰顶面以及木板镶贴墙面和壁板。侧壁贴风景画壁纸，给房间增添了色彩。

客厅也采用抹灰细节，包括漂亮的叶形饰檐口、另一个精美的抹灰圆形浮雕以及拱形门洞和凹槽壁柱。不同色调的谨慎使用改进并突出了这些细节，悦人双目。

平面布局成功地融合了历史元素和现代要求。一楼设置一个主套房、一个开放厨房兼家庭活动室。然而，尽管配置了这些便利设施和一个三车位车库，住宅主体却并不受影响，其规模也接近同时期古宅。

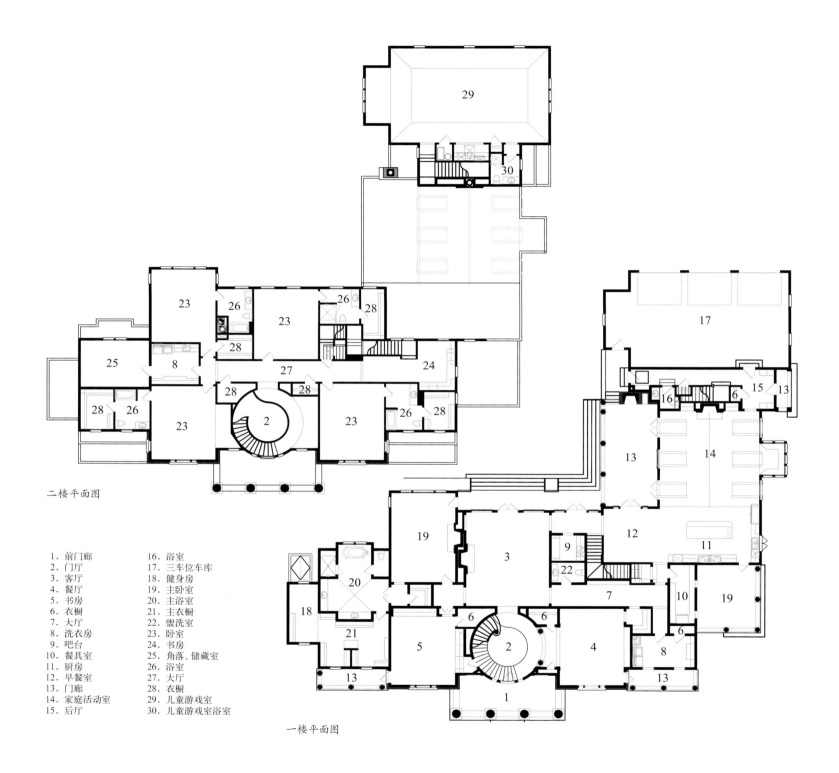

二楼平面图

1. 前门廊
2. 门厅
3. 客厅
4. 餐厅
5. 书房
6. 衣橱
7. 大厅
8. 洗衣房
9. 吧台
10. 餐具室
11. 厨房
12. 早餐室
13. 门廊
14. 家庭活动室
15. 后厅
16. 浴室
17. 三车位车库
18. 健身房
19. 主卧室
20. 主浴室
21. 主衣橱
22. 盥洗室
23. 卧室
24. 书房
25. 角落、储藏室
26. 浴室
27. 大厅
28. 衣橱
29. 儿童游戏室
30. 儿童游戏室浴室

一楼平面图

240

本页： 在门厅，一对古典柱子框住了大弧形主楼梯（左）。门厅地面镶嵌一个用多种颜色的木板拼成的罗盘图（上），该图案还重复出现在楼梯间天花上（下）

左上和中：一条新古典主义饰带构成了客厅的檐口

右上：漂亮的弧形楼梯可透过餐厅洞口看到

上：客厅的精美抹灰细节营造了一种19世纪室内空间的感觉

对页：亚当斯式抹灰天花装饰了漂亮的餐厅

243

上：拱顶家庭活动室通向厨房，是日常生活的中心

对页：厨房采用拱顶家庭活动室出现的相同加强木梁

对页：主套房的窗户外是广阔的地面景观

上：大入口门廊两边各有一根凹槽柱，弧形门入口也采用了这种柱子

威廉·T. 贝克

威廉·T. 贝克建筑事务所创始人和负责人
美国佐治亚州亚特兰大市
www.wtbaker.com

《住宅室内与景观设计》背后的男子

说到建造大型美国住宅，威廉·T. 贝克在设计梦想之家和样板房方面是一个经验丰富的专家。他擅长构思创意、组建团队，并成功的指导建筑施工过程直至竣工。作为美国一流豪宅设计师之一，他的成功应归功于他与生俱来的设计天赋、富有魅力的友善和平易近人。他能够与人们建立联系，以真正了解他们的个人需求，并创造给他们带来快乐、真正受他们喜爱的住宅。

多才多艺的贝克就像被人鞭策一样进取心十足。他是真正的复兴主义者——真正的国际知名设计师、四本著作的作者、世界旅行者和历史学徒。贝克证明自己是一名能够熟练利用各种资源以获得最佳效果的经理。他的作品表现出对细节的敏感、对材料和施工过程的熟悉。威廉·贝克于1985年在亚特兰大市创立了自己的公司，并很快以令人振奋的设计占领了市场。他设计的住宅很快成了亚特兰大市质优价高的巴克海特区的话题。贝克以自己的方式激活了这座城市的建筑。他的全新设计融合手工艺并以创造性的新方式采用优质材料。

秉着对整个社区的关心，他建立战略性合作机构，与慈善基金筹集者合作，并赢得出版社为其出版作品。换句话说，威廉·贝克掌握了整个行业，了解它的规则。他集中精力设计现代经典作品，无论是住宅、家具或著作，所有这些都具有不可挑剔的品味和品质。品味和质量，这两种因素是他获得成功的关键。最重要的是，他的设计首先是为了满足客户的需求。

设计是一件重要的事情，因为它通常是一个家庭中唯一的也是最大的投资。贝克奋起迎击每种新设计时尚带来的挑战，欢迎它们，并以自己的古典手法重新诠释它们，最终创造出"超越时代、坚持自己"的作品。他曾荣获著名的纽约亚瑟罗斯建筑设计奖、古典建筑学会授予的舒茨奖及亚特兰大市优秀城市设计奖。他曾在国际出版物如《建筑文摘》《廊》《南方口音》《传统家居》《郊区经典》《诠释》和《现代庄园》杂志发表过作品。

威廉·贝克出生于田纳西州纳什维尔市。他的父亲是一名著名的家具设计师。贝克的设计天赋无疑遗传自他的设计师父亲。受孩童时期所居住的大乔治式建筑的启发，他投身于建筑，之后在另一名著名的建筑师手下工作，之后创立了自己的公司。俗话说，过去都是历史。在这段时期，贝克追求质量的知名度再次得以提升。贝克说："它不只是关于热情，它还关乎比例、规模和韵律。"我们不难得出这样的结论：贝克是一位充满激情的设计师——他利用经验来创作设计。

在家里，他专注于繁忙的家庭生活。"我父亲曾说过，孩子们会在你不经意间长大，所以我特别注意规划自己的时间，让自己能够回家与家人一起共用晚餐。"贝克和 27 岁的妻子卡洛琳一起居住在亚特兰大市。他们共同在一栋具有历史意义的住宅中养育三个女儿，而这栋住宅就像伦敦摄政公园的建筑一样漂亮。其他时间里，贝克孜孜不倦地努力创造下一个伟大的作品。他的工作时间花费在与重要客户的会见中、与工程师或承包商的电话联系上、或因众多工作而飞往美国各地、加勒比亚地区和亚洲的飞机上。

工作时，他像激光一样专注于手中的工作。他非常擅长管理时间。"我充分利用自己的时间——不仅是自己的，还有员工的以及客户的时间，"贝克说。在飞行中同时平衡多份工作需要自律，而贝克向自己证明能够克服这种困难。

关于最新时尚或潮流，贝克说："我将确定哪些与我的设计相关。整理分析所有'最新最伟大'的大肆宣传信息是一项艰巨的工作。对某些设计师而言，这些信息会让他们不再关注作品的整体质量。对我而言，这些信息是超越时间和地点的原则——它们是独立于时尚的——而且它们恰好是我融入作品中的东西。"

贝克的每个设计作品都具有一种优雅的美丽，看似不费力气，浑然天成。"时间是证明设计是否成功的最终仲裁者。如果一个作品在几年后仍然看起来漂亮，那么你就会知道你所做的是正确的。我的目标是让我的作品反映最终用户的个性，并在某些方面，反应其所处时代的文化。"贝克设计的家具，如同他的建筑一样，也是永恒的。"我从过去获得灵感，并创造代表我们所处时代的全

新作品。"他的办公室里摆放着一张定制桌子，这是他亲自设计和定制的，参考了罗伯特·亚当在 18 世纪时创作的作品。它的繁复雕纹和装饰增加了一种今天的家具设计中很难见到的细节。"它是一个精美的作品，我喜欢每天都看到它。每次看见它，我总会有点儿新发现，"他说，"这就是优秀设计的标志。"

贝克的客户都是见闻广博的消费者。他的客户名列社会和商业领导者的行列。"等他们来找我的时候，他们中大多数已经在之前有过建造房屋的经验，大致明白自己想要什么。我的任务就是帮助他们达成梦想——让那种梦想变成有形的现实。"当贝克谈到那些特别的客户时，他更像是他们的私人朋友——一个喜爱他们、了解他们的生活方式并在心中牢记他们爱好的朋友。他为他们创造的设计具有一种温馨的、家人般亲切的魅力，可在瞬间产生吸引力。无论是整体大胆的形式，还是微小的细节，都渗透了贝克对设计的热情。正如一个长期合作的客户所说，"他利用工艺、材料、纹理和颜色的能力非常高超。他的建筑不会呼喊你——它们引诱你。"

利用精致的品味来引诱观众的设计是贝克获得成功的关键。通过回避很快失宠的流行趋势，贝克能够以一种独特的方式定义自己，从而使自己成为一名受业内人士欢迎的设计师。"我曾经有幸为一些业内名人设计，而这对我来说是一项巨大的殊荣。两名设计师合作创造一栋特别的住宅是一件神奇的事情。"

贝克对细节的敏感让他成了非炫耀性消费的专家。"今天的房主们具有更好的识别能力，"他说，"并拥有众多可用的设计资源。我的客户们，总的来说，喜欢质量超过炫富。他们想要一种古典低调的外观，不需要提高声音来引起别人的注意。他们眼光敏锐，对质量标准提出了很高的要求。"

关于他巧妙地设计出来的古典外观，他评价道："我很高兴地说，我在 30 年前设计的房屋在今天看起来仍像它们建成的那天一样新鲜。这是对它们的设计的真正考验，证明它们能够经受时间的考验，至今仍保持着良好的状态为房主服务。最终，这也是对建筑和大美国住宅的真正考验。"

项目信息

鲍德斯住宅　　第3页
佐治亚州亚特兰大市
插图绘制：© William T Baker

奥克兰住宅　　第9页
佐治亚州亚特兰大市
1996-1997
建造：McGarrity-Garcia Residential Builder
室内设计：the Owner
摄影：© William T Baker

沃克住宅　　第20页
佐治亚州亚特兰大市
2003-2005
建造：Scott Walker
室内设计：Scott Walker
摄影：© William T Baker

岩石角住宅　　第35页
佐治亚州亚特兰大市
2007-2009
建造：Benecki Homes
室内设计：Suzanne Kasler
摄影：© James Lockheart

约翰逊住宅　　第58页
南加利福尼亚州斯帕坦堡市
2010-2011
建造：Frank Manello
室内设计：Louise Johnson Interiors
摄影：© James Lockheart

米勒庄园　　第77页
佐治亚州亚特兰大市
2006-2007
建造：Mark Stevens
室内设计：Kim Zimmerman Interiors
摄影：© William T Baker

康纳住宅　　第92页
佐治亚州亚特兰大市
2007-2011
建造：Tecton Incorporated
室内设计：the participating firms of the 2013
Atlanta Symphony Show House
摄影：© James Lockheart

福克住宅　　第123页
佐治亚州亚特兰大市
2007-2008
建造：McGarrity-Garcia Residential Builder
室内设计：Christa Renfroe Hurley Designs
摄影：© William T Baker

古普塔住宅　　第142页
佐治亚州亚特兰大市
2007-2008
建造：Builders II
室内设计：Suzanne Kasler
观景门廊和盥洗室：Lori Tippins
摄影：© William T Baker

前排农庄　　第155页
佐治亚州弥尔顿市
2010-2011
建造：Capstone Building Group
室内设计：Virginia White
摄影：© Phil Skinner

弗朗西斯·帕尔默·史密斯住宅　　第172页
佐治亚州亚特兰大市
2011-2012
建造：John Wesley Hammer Construction
Company
室内设计：Suzanne Kasler
摄影：© James Lockheart

肖住宅　　第189页
佐治亚州罗马市
2012-2014
建造：Jackie Cope
室内设计：Thomas Lam Interior Design
摄影：© William T Baker

安德鲁斯住宅　　第206页
佐治亚州亚特兰大市
2013-2014
建造：Builders II
室内设计：Joy McLean Interiors
摄影：© Brian Gassel

梅普斯住宅　　第227页
佐治亚州亚特兰大市
2013-2014
建造：Benecki Homes
室内设计：Pineapple House
摄影：© William T Baker

基斯图里奈克住宅　　第238页
佐治亚州亚特兰大市
2008-2009
建造：Goodsell Associates
室内设计：Mary Lindgren Interiors
摄影：© William T Baker

史密斯小屋　　第251页
佛罗里达州阿里海滩
插图绘制：© William T Baker

佛罗里达州阿里海滩新近落成的盎格鲁-
加勒比风格别墅

A NEW RESIDENCE
At ALYS BEACH   2015

W.T. BAKER